彩图 1-1　水蛭

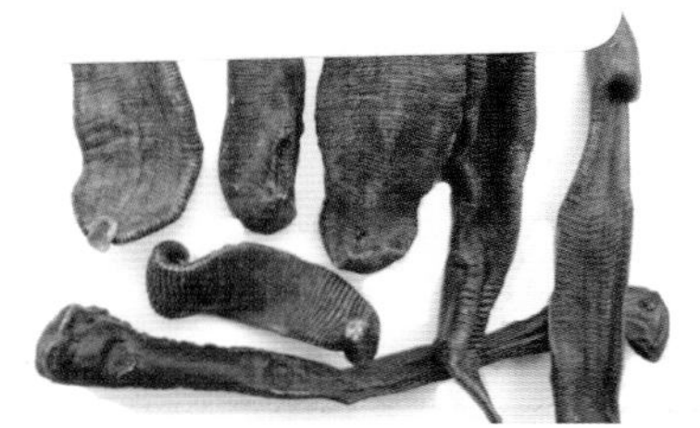

彩图 1-2　水蛭干

彩图 1-3　水蛭做成的菜

彩图 2-1　水蛭的特征

彩图 2-2　宽体金线蛭

彩图 2-3　日本医蛭

彩图 2-4　光润金线蛭

彩图 2-5　菲牛蛭

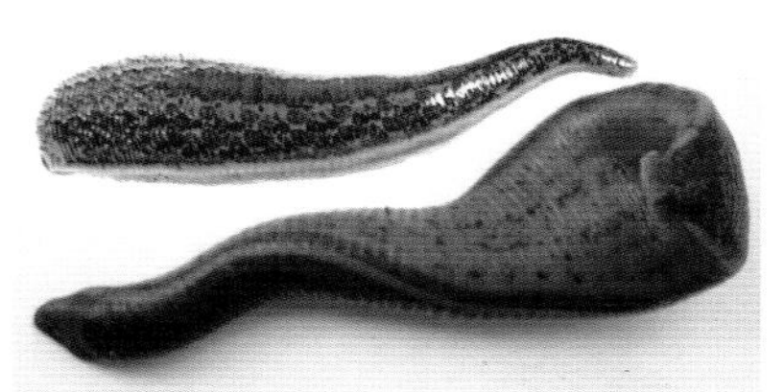

彩图 2-6　水蛭的背面和腹面

彩图 2-7　水蛭的吸盘及体节

彩图 2-8　水蛭的各区

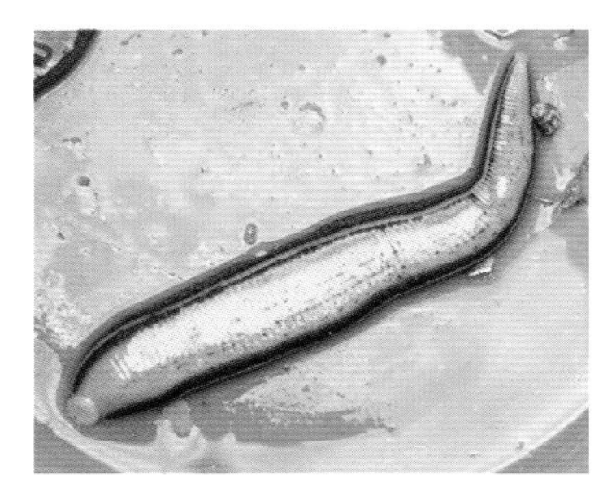

彩图 2-9　水蛭的体壁

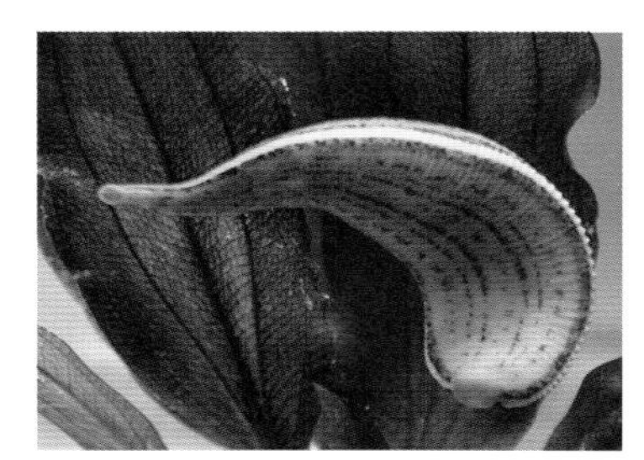

彩图 3-1　水蛭游泳

彩图 3-2　水蛭的尺蠖运动

彩图 3-3　晚上活动的水蛭

彩图 4-1　优质的种蛭

彩图 4-2　水蛭的卵茧

彩图 4-3　水蛭的幼苗

彩图 4-4　检验幼蛭的质量

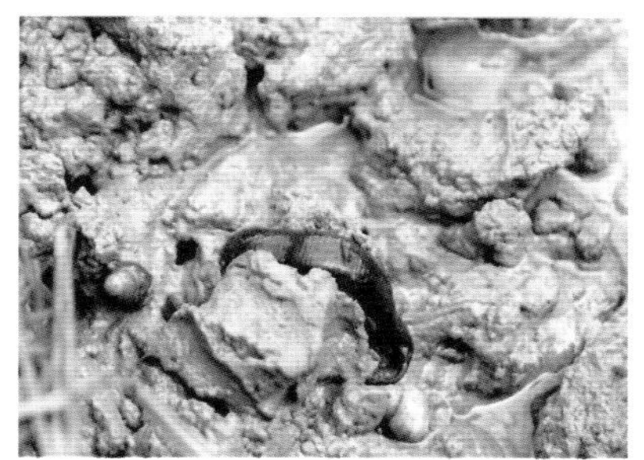
彩图 4-5　从野外采集水蛭

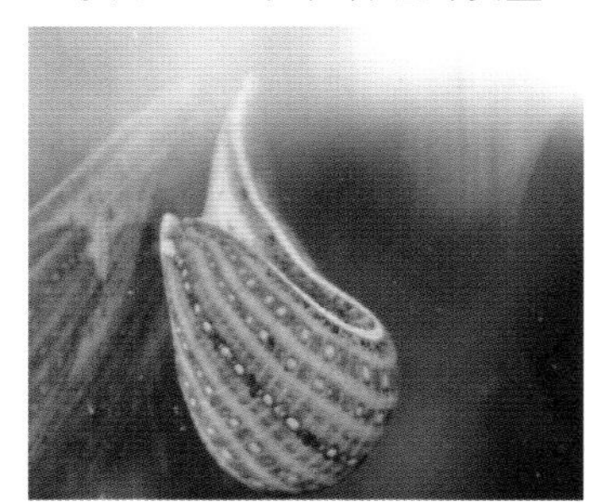
彩图 4-6　提纯复壮后的优质水蛭

彩图 5-1　水蛭繁殖池

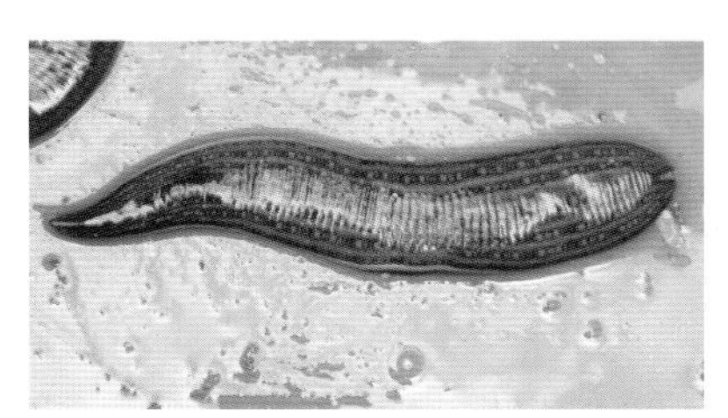
彩图 5-2　选择好的种蛭

彩图 5-3　水蛭的单交配

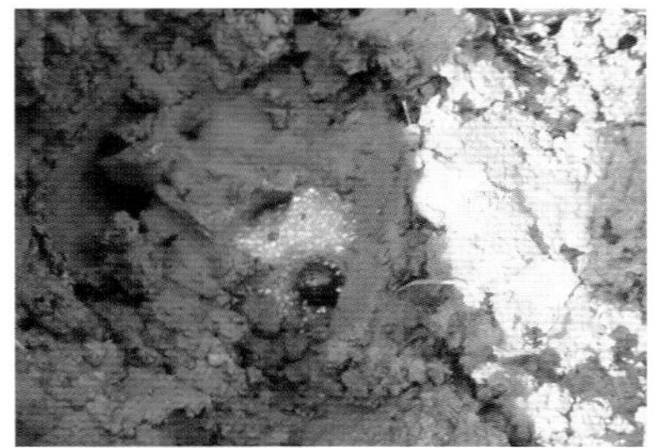

彩图 5-4　水蛭正在产卵茧

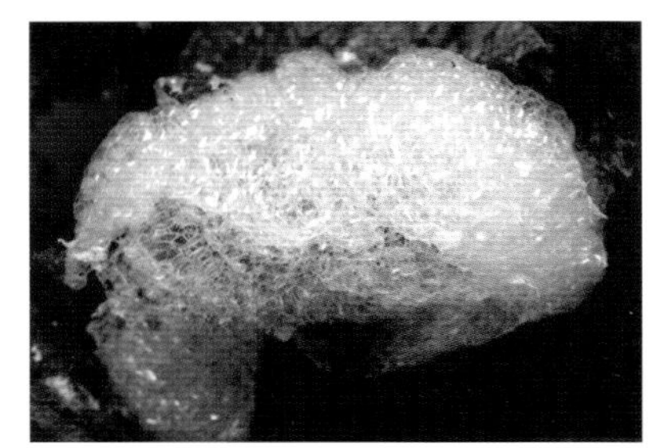

彩图 5-5　快产好的水蛭卵茧

彩图 5-6　产好的水蛭卵

彩图 5-7　分拣好的卵茧

彩图 5-8　一些发霉的卵茧

彩图 5-9　排列好准备孵化的卵茧

彩图 5-10　水蛭正破茧而出

彩图 5-11　从卵茧孵出的幼水蛭

彩图 6-1　田螺

彩图 6-2　河蚌

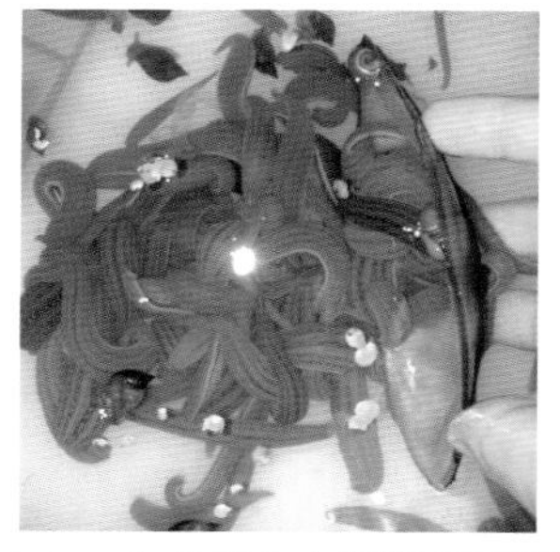

彩图 6-3　水蛭喜欢在河蚌贝壳里生长

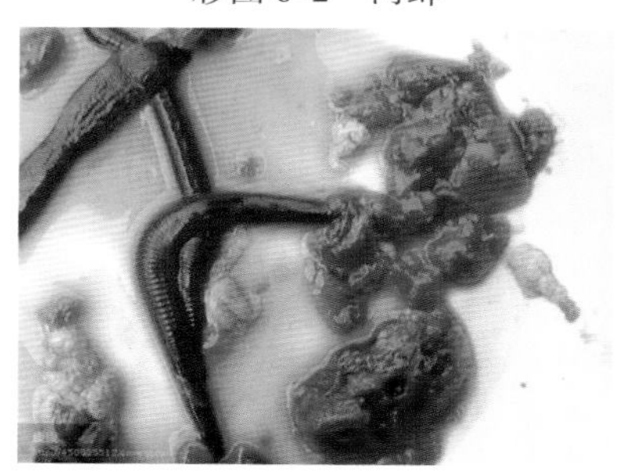

彩图 6-4　加工好并投喂的血块饵料

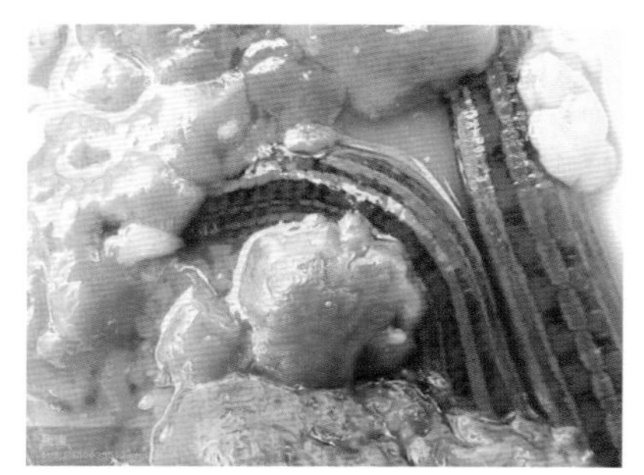

彩图 6-5　水蛭正在吃饵料

彩图 7-1　适宜水蛭生长的水质

彩图 7-2　做好防逃设施

彩图 7-3　水泥池里集约化养殖水蛭

彩图 7-4　池塘养殖水蛭

彩图 7-5　双层防逃措施

彩图 7-6　优质的大规格水蛭苗种

彩图 7-7　放养的菲牛蛭苗种

彩图 7-8　破茧的苗种

彩图 7-9　白天检查水蛭的生长情况

彩图 7-10　晚上检查水蛭的生长情况

彩图 7-11　水泥池里的慈姑等水草

彩图 7-12　夏天水泥池需要用遮阳网

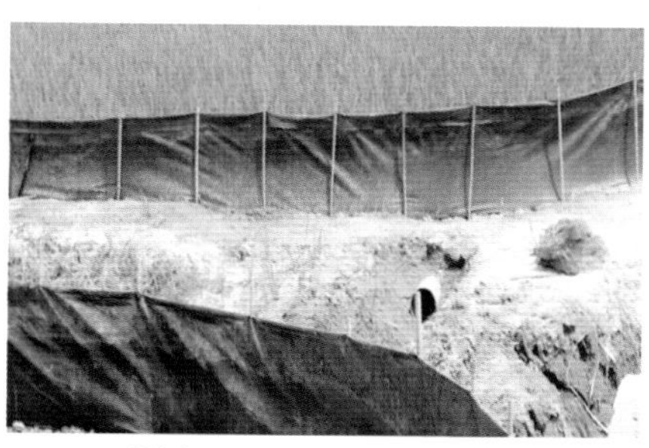

彩图 7-13　稻田养殖水蛭

彩图 7-14　供水蛭躲藏的设施

彩图 7-15　放养的优质水蛭

彩图 7-16　沼泽地中养水蛭

彩图 7-17　防逃网上的水蛭

彩图 7-18　莲藕池养殖水蛭

彩图 7-19　水芹菜里混养水蛭

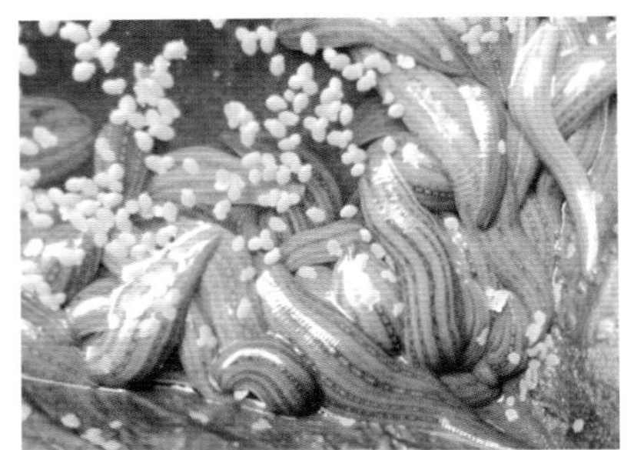

彩图 8-1　培育健壮的水蛭

彩图 9-1　水蛭加工前需要清洗

彩图 9-2　正在用盐渍法处理的水蛭

彩图 9-3　捕获的水蛭鲜品

彩图 9-4　优质的水蛭干 1

彩图 9-5　优质的水蛭干 2

彩图 10-1　精心挑选的种蛭

彩图 10-2　在池塘里投放的螺蛳

高效养水蛭

占家智　羊　茜　编著

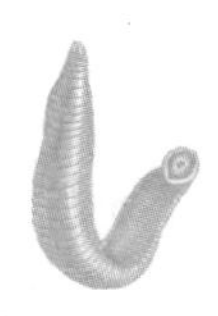

机　械　工　业　出　版　社

本书在介绍水蛭的市场前景和价值的基础上，系统地介绍了水蛭的品种及生物学特性、水蛭的运动行为与生活习性、水蛭的引种、水蛭的繁殖、水蛭的饵料及投饲、水蛭的养殖、水蛭的病虫害防治、水蛭的采收及加工等内容，重点对水蛭的养殖方法展开了阐述。

本书内容科学实用、通俗易懂，可供水蛭养殖人员、大学生、临床医师等人群阅读参考。

图书在版编目（CIP）数据

高效养水蛭/占家智，羊茜编著．—北京：机械工业出版社，2016.12（2024.4 重印）

（高效养殖致富直通车）

ISBN 978-7-111-55163-8

Ⅰ．①高…　Ⅱ．①占…②羊…　Ⅲ．①水蛭-淡水养殖　Ⅳ．①S865.4

中国版本图书馆 CIP 数据核字（2016）第 249861 号

机械工业出版社（北京市百万庄大街 22 号　邮政编码 100037）

总 策 划：李俊玲　张敬柱

策划编辑：郎　峰　高　伟　责任编辑：郎　峰

责任校对：刀承运　责任印制：李　昂

三河市航远印刷有限公司印刷

2024 年 4 月第 1 版第 4 次印刷

140mm×203mm · 6.5 印张 · 4 插页 · 185 千字

标准书号：ISBN 978-7-111-55163-8

定价：29.80 元

凡购本书，如有缺页、倒页、脱页，由本社发行部调换

电话服务

服务咨询热线：010-88361066

读者购书热线：010-68326294

010-88379203

网络服务

机 工 官 网：www.cmpbook.com

机 工 官 博：weibo.com/cmp1952

金 书 网：www.golden-book.com

教育服务网：www.cmpedu.com

高效养殖致富直通车
编审委员会

序

改革开放以来，我国养殖业发展非常迅速，肉、蛋、奶、鱼等产品产量稳步增加，在提高人民生活水平方面发挥着越来越重要的作用。同时，从事各种养殖业也已成为农民脱贫致富的重要途径。近年来，我国经济的快速发展为养殖业提出了新要求，以市场为导向，从传统的养殖生产经营模式向现代高科技生产经营模式转变，安全、健康、优质、高效和环保已成为养殖业发展的既定方向。

针对我国养殖业发展的迫切需要，机械工业出版社坚持高起点、高质量、高标准的原则，组织全国20多家科研院所的理论水平高、实践经验丰富的专家学者、科研人员及一线技术人员编写了这套“高效养殖致富直通车”丛书，范围涵盖了畜牧、水产及特种经济动物的养殖技术和疾病防治技术等。

丛书应用了大量生产现场图片，形象直观，语言精练、简洁，深入浅出，重点突出，篇幅适中，并面向产业发展需求，密切联系生产实际，吸纳了最新科研成果，使读者能科学、快速地解决养殖过程中遇到的各种难题。丛书表现形式新颖，大部分图书采用双色印刷，设有“提示”“注意”等小栏目，配有一些成功养殖的典型案例，突出实用性、可操作性和指导性。

丛书针对性强，性价比高，易学易用，是广大养殖户和相关技术人员、管理人员不可多得的好参谋、好帮手。

祝大家学用相长，读书愉快！

中国农业大学动物科技学院

前 言

水蛭俗称蚂蟥，又称金线蛭，是一种具有多种药用功能的水生动物，一直是医学应用上的一个宝，药用价值非常高。它的体内含有17种氨基酸。水蛭唾液中的水蛭素可用于抑制凝血酶的活性，能阻止纤维蛋白原形成纤维纳蛋白，从而抑制血栓的形成，是国内外市场很走俏的药材之一。过去，人们常用水蛭来吮吸外伤病人的脓血，以达到清理瘀血的目的；中医内科也常用干燥后的水蛭虫体炮制成药，用来治疗瘕块血瘀、闭经、跌打损伤等病症。近代医学研究更进一步证明，水蛭在用于防治心脑血管疾病和抗癌等方面有特殊的功效。近年来，随着人口的进一步老龄化，心脑血管病人不断增加，人们对水蛭中药制品的需求量加大，尤其是欧美国家和日本等对水蛭需求的进一步增加，使得市场对水蛭的需求量也年年上升，水蛭价格不断上涨。我国野生水蛭在不断地被捕捉的情况下，其赖以生存的环境也受到严重污染，农药、化肥过度使用，加上干旱的影响，使得野生药用水蛭的数量越来越少，远远不能满足医药及出口需求，这就为人工养殖水蛭提供了较为广阔的空间。因此，养殖水蛭成了一条不可多得的致富门路，有识之士可以在养殖水蛭上多下功夫。

人工养殖水蛭占地少、投资小、见效快、效益高，而且具有养殖模式多样化、一年投入多年收益的优点，适合农村水域条件充足的地区作为优势项目来发展。

鉴于上述情况，我们在一些水蛭养殖户、水产专家的支持和帮助下，经过共同努力，编写了本书。在编写过程中，我们紧紧围绕水蛭养殖的可行性、必要性和技术性，力求理论联系实际，深入浅出，突出养殖的实用性和可操作性。本书在简要介绍水蛭的市场前景和价值后，系统地介绍了水蛭的品种及生物学特性、水蛭的运动行为与生活习性、水蛭的引种、水蛭的繁殖、水蛭的饵料及投饲、水蛭的养殖、水蛭的病虫害防治、水蛭的采收及加工等内容，重点对水蛭的养殖方法展开了阐述。本书内容科学实用、通俗易懂，具有很强的可读性和可指导性。

需要特别说明的是，本书所用药物及其使用剂量仅供读者参考，不可完全照搬。在生产实际中，所用药物学名、通用名与实际商品名称存在差异，药物浓度也有所不同，建议读者在使用每一种药物之前，参阅厂家提供的产品说明以确认药物用量、用药方法、用药时间及禁忌等。购买兽药时，执业兽医有责任根据经验和对患病动物的了解决定用药量及选择最佳治疗方案。

在编写过程中，我们参阅了国内一些专家学者的资料，也请教了一些水蛭养殖专业户，一些网友也惠赠了部分精美的图片，在此向他们表示诚挚的谢意！

由于作者水平有限，书中难免有不足之处，甚至是谬误之点，恳请读者朋友指正！

编著者

目 录

第二章 水蛭的品种及生物学特性

第三章 水蛭的运动行为与生活习性

第四章 水蛭的引种

第五章 水蛭的繁殖

第六章 水蛭的饵料及投饲

第七章 水蛭的养殖

第八章　水蛭的病虫害防治

第九章　水蛭的采收及加工

第十章　水蛭养殖的实例

附　录　常见计量单位名称与符号对照表

参考文献

第一章
概　述

水蛭（彩图1-1）是蛭纲动物的统称，它又叫马鳖、肉钻子、水痴马鳖，和蚯蚓相似，也是一种环节动物。水蛭给人们印象最深的就是一旦吸附在人的腿上就不容易被取下来。它那软软的身体紧紧地叮在人的腿上，一会儿工夫就吸足了人的血液，即使它吃饱喝足了，也不肯从人的身上下来，用手取下它时，它的身子能被拖成长长的线状，而嘴巴却仍然紧紧地叮在人的身上，确实让人恶心，让人毛骨悚然。

但就是这种让人看到不开心的小东西，长期以来却是一个宝，尤其是医学应用上的一个宝。中药水蛭为水蛭科动物蚂蟥、柳叶蚂蟥及水蛭的干燥体。水蛭入药历史悠久，早在我国医学名著《神农本草经》中就有记载，具有抗凝固、破瘀血的功效，传统中医主要用于治疗血栓病、血管病、青光眼、瘀血不通、无名肿毒及淋巴结核等症。随着人们对医药需求的不断增加，人们对水蛭的需求量也年年上升，而野生水蛭在不断地被捕捉的情况下，赖以生存的环境也受到严重污染，农药、化肥的过度使用，加上干旱的影响，使得野生药用水蛭的数量越来越少，远远不能满足医药及出口需求，这就为人工养殖水蛭提供了较为广阔的空间。从目前来看，人工养殖水蛭一方面可以满足市场的需求，同时也是广大农民可以选择的投资少、见效快、效益高的一条致富门路。

第一节　水蛭的市场前景

纵观水蛭药用价值需求量上升和目前野生水蛭资源稀少现状的矛

盾，水蛭的市场前景是非常广阔的，也是值得有“蛭”之士投资的。

一 水蛭的历史行情回顾

人们关注水蛭的药用价值已经很久了，以前的药用水蛭都是捕捉的野生水蛭。我国在改革开放后，对医用水蛭的需求加速。20 世纪 80 年代末期，一些有远见卓识的人们开始尝试水蛭的人工养殖，不过最初并不是单纯地进行人工养殖，而是采取野外捕捉和人工暂养为主，后来才慢慢地转为人工高密度养殖。由于当时物质水平较低，社会资本也较少，水蛭的价格不是很高。根据查询的资料表明，在 1988 年年初，当时水蛭的价格仅有 15 元/kg 左右，当年下半年市场需求量急剧上升，售卖价格也开始上涨，一直涨到 1991 年 2～4 月为第一个高峰，市场价格最高时一度达到 300 元/kg 左右，三年期间价格涨幅达到 20 倍。随后，由于种种原因，市场价格急速回落，腰斩过半，一直降到 140 元/kg 左右，这种低价格一直维持到 1997 年。在这六年间，市场价格总是在 140～150 元/kg 之间振荡，上下波动范围不超过 10 元/kg，还是比较平稳的。从 1997 年下半年开始，水蛭的价格开始慢慢上涨，一直涨到 2000 年，升至 400～450 元/kg 的高价，出现第二次高峰，随后再次跌价，2002 年2～3 月时，水蛭的价格跌到 300～320 元/kg 的低价，2002 年 5 月价格又步步回升，2004 年下半年攀升到 550 元/kg，刷新历史高价，这种高价位一直持续到 2005 年的 4 月，这个阶段也催生了相当一批水蛭从业人员。随后水蛭的价格再次暴跌，一直跌到 2007 年 5 月，仅为 320～350 元/kg，在这个低价位上一直持续了三年左右。从 2010 年开始，水蛭的价格又开始上升，直到 2014 年下半年的 540 元/kg 左右，目前价位基本在 450 元/kg 上下波动。从水蛭的历史行情分析看，有两个特点：一个是每个波动周期的低价和高价都在升高，也就是这一波的价格总比上一波的价格高；另一个就是水蛭在高价位持续的时间越来越长。

二 野生资源不断减少

根据水蛭的性状，我国可药用的水蛭基本上分布在北纬 25°～38°之间，主要集中在山东、江苏、安徽、湖北、湖南及浙江的部分湖

泊和河汊的浅水区。

水蛭是一种生物，它的生长繁殖与自然气候及人的活动密切相关。在我国，过去水蛭作为一种中药材，从未有过匮乏之虑。水蛭适应性强，在各类水域中都有分布，只要有水的地方，几乎都能看到水蛭。作为野生药材资源的水蛭，以前还是相当丰富的，但是作为一种再生资源，它的生长强度和繁殖率不是无限的。随着近年来的过度捕捞，加上大量施用对水蛭有害的化肥、农药和耕作制度的改变，水蛭的生存空间不断被挤压，加上一些河流、湖泊干涸，导致天然水域里水蛭资源逐年减少。其中先开发的山东、湖北、湖南、安徽等地的水蛭资源基本枯竭，例如，山东微山湖历史最高年产量120t，现如今产量在10t以下。还有一个明显的例子就是江苏省，该省是水蛭产量大省，其中洪泽湖和高邮湖一带盛产水蛭，尤其是沿湖圈的金湖、射阳、盐城、赣榆等地开发较早，20世纪90年代初期，曾经是全国水蛭大的提供基地，据统计资料表明，当时江苏的水蛭年产量在50～100t之间。但近年来野生的水蛭产量8t左右，可见野生水蛭资源已经稀缺到何种程度。

天然水蛭一般要达到三龄才能性成熟，才具有繁殖的能力。每年春、秋两季，当水温超过15℃时它们就可以自主交配，20℃左右时爬上岸，在离水面30cm处的湿土上产卵。就在水蛭进行产卵的季节，也是人们捕捉水蛭的最好时期。在利益驱使下，人们往往会将大小水蛭一起掠夺性捕捉，更有甚者，会将它们产的卵块也带走，这种不计后果的捕捞行为就会造成当地野生水蛭的群体减少，多年后繁殖量下降，导致一些产区可提供的商品数量大幅度下降。与此同时，由于天然捕捞量逐年下降，而国内外市场对水蛭的需求量却逐渐上升，供需矛盾日益突出，又加剧了对天然水蛭资源的掠夺，致使野生资源急剧下降，远远不能满足入药需要，由此形成恶性循环，对生态也造成了极大的破坏。纵观全国的水蛭资源，也是呈下降的趋势，水蛭的缺口是非常大的。例如，全国水蛭最高年产量曾经达到惊人的450t，但是近几年来，全年总产量一直维持在150t左右，而全年需求量在250t以上。随着水蛭数量的减少和需求的增多，已经到了产不足需的时候，而且今后的产量将会一年比一年减少，

水蛭收购价格一再攀升，目前市场价已达 400 元/kg，有时甚至到了有价无货的地步。这就给人工养殖水蛭提供了机会，因此，养殖水蛭是大有前景的。

【提示】 现在许多特种农产品的野生资源都呈下降趋势，只要把握时机和行情，都是可以考虑人工养殖的，水蛭也是一样，野生资源的锐减催生了养殖的热潮。

三 水蛭国内市场供不应求

由于水蛭有特殊的药用功效，它广泛用于医药、保健用品、化妆用品、食品等领域。特别是近 30 年来，随着科技的发展，对水蛭的医学研究和中成药工业生产的大力开发，水蛭的社会需求量年年猛增，由 1984 年的年需求量 20t，达到目前年需求量 250t 左右，其中河北、河南、陕西、山西、黑龙江等地的几大药厂需求高达 220t 左右。据 1998 年 12 月 6 日《中国畜牧水产消息报》报道，1997 年国内外对水蛭干品的总需求量达 850t 以上，实际供货量仅为 550t，尚有 300t 缺口。就目前来看，国内每年对水蛭干品需求就达 400t，光依靠野生资源是无法满足需求的，因此，现在养殖水蛭的商机是比较大的。预计在未来数年内，水蛭市场仍将保持供不应求的状态，市场空间巨大。

四 国外市场也很紧缺

水蛭是一种宝贵的药用资源，在医学上具有多种药用功能，是很有开发价值的动物性中药材。随着现代医学对水蛭研究的不断深入和发展，国外对水蛭的需求量逐渐增大，而野生资源却日益枯竭，致使供需矛盾非常突出。近几年来，水蛭已成为世界性的紧俏中药材之一。随着世界性人口老龄化的发展，心脑血管病人增多（高血压、心脏病、脑血栓发病率占人群的 2% ~5%），对水蛭的需求量将会进一步增加。突出表现是欧美消费市场非常广阔，日本、韩国很早就依赖从我国进口水蛭，尤其是近年来，日本、朝鲜以及东南亚各国对我国的水蛭需求量大大增加，这也是造成国内水蛭市场紧缺、价格上涨的诱因之一。

正因为水蛭如此重要，而原材料如此紧张，许多国家如英国、俄罗斯等正致力于水蛭人工繁育和养殖技术的研究工作。英国在20世纪80年代就成立了水蛭科学家协会，同时开设了生物制品公司。俄罗斯的莫斯科国际医用水蛭研究中心每年饲养水蛭达150多万条，已形成一个独特的产业。目前，该中心每年出售大批相关产品及活体水蛭到美国、西班牙等国家。

五 水蛭在医学上的特殊性

水蛭是我国医药大宝库中的一味贵重中药材，我国中医名著《神农本草经》中对水蛭的药理特性早有记载。世界上很多国家自古以来就有水蛭入药的习惯。水蛭主要作用有两条：一是逐恶血、瘀血；二是破血积聚，用于治疗妇女血瘀经闭、子宫积血等症。传统中医学上主要以水蛭干（彩图1-2）炮制后入药。当今以水蛭为原料制成的中成药，如大黄虫丸、韩氏瘫速康、百劳丸、圣喜血栓心脉宁等，均已投入大批量生产且供不应求。

20世纪50年代，英国一位名叫麦克瓦特的化学家排除万难，终于找到了一种神秘物质——水蛭素。水蛭素在水蛭体内含量甚微，但神通广大，仅仅几微克就会使血液无法凝固。水蛭叮住人体后可源源不断地吮吸人血，就是水蛭口内放出水蛭素的缘故。目前，从水蛭身上提取的水蛭素在医学上已大显身手。据临床试验证明，它有缓解动脉臂痉挛、降低血液黏度、扩张血管、增加血液循环、促进对渗出物吸收等功能。所以，水蛭素用途很广，可以治疗高血压、心肌梗死等棘手的病症。

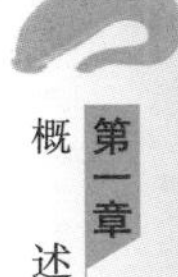

六 其他的作用

经研究发现，除活体水蛭和利用水蛭加工成的药品可治疗多种疾病外，水蛭提取物还可制成疗效奇佳的美容药品。

在生物化学方面，可以借助水蛭素来进行人体凝血酶的定量分析。

在饮食上，水蛭可以做成鲜美可口的菜肴（彩图1-3），供人们食用，是一种药食同源的好东西。

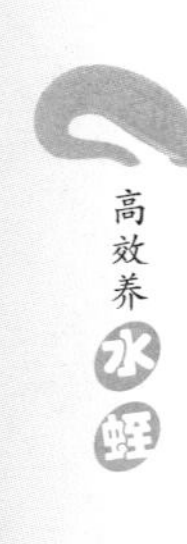

第二节 水蛭人工养殖的前景分析

巨大的市场需求，为人工养殖水蛭营造了广阔的市场前景，可以预料，水蛭的人工养殖作为一种时尚的新兴产业，将在全国各地蓬勃兴起。

一 人工养殖仍然满足不了需求

从今后医药市场发展分析来看，随着水蛭的药用功能不断地被医学工作者开发出来，其在中医和西医的使用量上日益增多，水蛭的紧缺状况短期内难以缓解，供需矛盾越来越大，价格也逐步上涨，目前靠自然资源的再生也无法解决这一矛盾。为了弥补这一自然资源的短缺，保护珍贵而有限的野生资源，人工养殖水蛭势在必行。对普通的养殖者来说，这也是一种商机，因此，近年来人工养殖水蛭也被提上日程。目前欧洲已经出现了多家专门从事水蛭养殖、销售、制药的公司，年饲养量可达 100 万余条，但仍然满足不了当地市场的需求。日本自 1998 年开始，就从我国大量进口水蛭，而且进口量逐年递增，主要用于医学研究和临床应用。我国中医把水蛭作为传统的中药材之一，需求量非常大，而国内的养殖量和欧洲的养殖量都远远满足不了市场的需求，因此说，人工养殖水蛭有非常大的市场空间。

二 人工养殖水蛭的必要性

1. 健康生活的需求

近年来，随着社会经济的发展，人们的生活质量普遍提高，物质生活的改善，加上活动量的减少等不良生活习惯，导致人们的富贵病横行，心血管疾病正在上升为人类的第一杀手。医学科学揭示，水蛭素在人类健康保健方面的作用越来越大，医学上对水蛭素的需求越来越多，而自然资源的再生能力明显满足不了人们对水蛭的需求，因此人工养殖水蛭就显得非常有必要。

2. 提供更充足的产品

不可否认，随着人们对水蛭的需求越来越多，自然界中的水蛭

资源却日益枯竭，一方面是因为水蛭收购价的上扬和快速致富的冲动驱使人们大肆滥捕，另一方面是环保意识薄弱。改革开放30多年来，我国经济快速发展，人们的生活水平得到快速提高，但我们也不能回避生态环境恶化的事实。生态环境恶化的结果导致包括水蛭在内的许多动植物的生存环境遭到破坏和污染。人工养殖就是要制造出适应水蛭生物学要求的最佳生存条件，让它们在模拟自然的环境中，尽快地增重个体和更多地繁殖后代，为人类提供更多的产品，从而减少对自然界中水蛭的捕捞强度。

3. 治疗疾病的需求

对于一些心脑血管患者来说，服用含有水蛭素的药品无疑是效果最佳的。但是在当前水蛭野生资源逐年减少的情况下，原料价格节节攀升，造成相关药品价格暴涨，面对高昂的药品价格，一些患者特别是农村的低收入患者可能会失去治疗疾病的机会。为了弥补这一自然资源的短缺，保护珍贵而有限的野生资源，人工养殖水蛭势在必行。

4. 维持生态平衡

水蛭作为一种野生动物，在自然界中有其特殊的生态位置，如果过度捕捞野生资源，甚至造成野生资源的灭绝，会对生态平衡造成影响。因此，人工养殖水蛭不仅是为人类的健康保健做出贡献，而且在某种程度上保护了野生种源，起到维护生态平衡的功能。

5. 造福百姓

水蛭养殖作为一个特种经济动物养殖业，一旦得到大面积推广，对优化农村产业结构，繁荣地方经济，促进农民增收、农村经济增长、农村剩余劳动力转化、城市下岗工人重新就业等，都具有十分重大的意义。

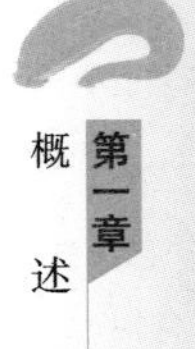

三 人工养殖水蛭的可行性

1. 技术上可行

水蛭的耐饥能力强，加上它具有极强的抗病能力，在池塘、湖泊、河流、水库、稻田等各种淡水水域中都能生存、繁衍。养殖技术也不难学，而且养殖水蛭的投资可大可小，可以从几百元到上千元甚至上万元。人工饲养包括水泥池养殖、池塘养殖、稻田养殖、

坑塘养殖等多种方式。饲料以水中浮游生物、小昆虫、田螺、动物血块、蚯蚓及泥土的腐殖质等为主，每周投喂一次即可。另外，水蛭的生长期短，资金周转快，方法简便，管理粗放，劳动强度小，适应性广，而且回报率高。养殖户可以根据自身条件，因地制宜，只要做到科学管理，量力而行，选择适合自己的养殖方式进行养殖，都能获得较高的回报，是农村养殖致富的一条好门路。

2. 技术方案可操作

据我国有关专家多年来的观察和研究，对水蛭的品种、习性、食性和繁殖方式都有了进一步的了解，并已摸索出一套较为完整的饲养方案，能够确保水蛭人工养殖成功。我们注意到，野生条件下的水蛭，只要有基本的生活环境，就可以生存并繁殖后代。只要我们在技术上做到尽可能模拟原生态环境，并给予充足的食饵，还是可以养好水蛭的。

例如，可以采取生态混养的方法，利用水蛭喜食无脊椎水生昆虫的特点，将水生昆虫按比例与水蛭混养，就不必专门投食，只要将水质管理好，即可生长得很好。

3. 市场有保证

水蛭目前处于供不应求的状态，国内外对水蛭的需求量非常大，而野生资源已经远远满足不了市场的需求。因此，只要养得好，养出标准、健康的水蛭产品，市场是有销路的。

4. 养殖难度不大，适合农村养殖

自然状态下的水蛭食性杂，生长较快，而且对环境变化适应性特强，全国各地都可养殖，无论高山还是平原，水蛭均能适应。可以利用房前屋后、庭院、阳台及一些废鱼池或沟渠，对这些场所稍加改造就可以养殖，还有一些符合要求的低洼农田、湖滨滩地，也可进行人工养殖。人工开挖水蛭养殖池比鱼塘要求低，土方开挖量少，是一项投资少、效益高的农村副业。

5. 养殖周期可控

水蛭养殖周期为一年半左右，有的可达两年，一般鲜活个体在40g左右，最大个体可达60g，平均也在30～50g，亩产量能达到240kg左右。只要养殖措施得当，技术到位，养殖规格达到要求，就

目前的市场行情来看，亩产值18000元，纯收益可达8000元左右。

由此可见，人工养殖水蛭是可行的，投资不多，养殖技术也并不十分复杂，而且见效快。其成品国内市场需求量大，也是出口创汇的拳头产品。

> 【提示】 真正切实可行的技术方案和养殖技术需要养殖户在生产实践中不断摸索。

四 我国水蛭养殖状况

1. 我国目前水蛭养殖现状不容乐观

水蛭是雌雄同体，异体受精，可以这样说，每条种蛭均可繁殖，每年可繁殖2～3次，只要引进优良种源，即可年复一年自行繁衍。另外，水蛭的适应性强，耐饥能力强，具有极强的抗病力，可以说是非常好养的。我们也不断看到各种报道说可以人工饲养水蛭，且不受地区条件的限制，可以采用池养、坑养、缸养、桶养等。但是事实上，并没有人工养殖的水蛭大量上市的报道，相反，总是有不少被骗的养殖户损失惨重报道。这是为什么呢?

这就说明我国目前水蛭养殖现状不容乐观，至少存在三个问题：一是许多养殖户并没有真正掌握养殖技术，眼高手低的现象比较严重，总认为自然界中生活能力那么强的水蛭，在养殖时不会有太多问题，主观上忽视了养殖技术，导致功亏一篑，养殖失败；二是有一些不法商家虚报养殖效益，借此收购野生幼水蛭，实现自己倒卖水蛭种苗而获取非法收入的目的；三是水蛭养殖技术仍需解决实际应用的问题，我国的水蛭养殖科研还存在滞后的现象。如果是大规模发展，那么实现批量上市就需要更长的时间，并不是像一些书本上或宣传报道说的那样容易。

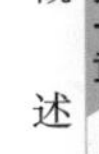

举个最显著的例子，就是水蛭的生长周期比较短的问题一直没有很好地解决，从而造成周期偏长、产量较低。和人们养的鱼一样，水蛭也是一种冷血变温动物，它体内的温度受环境温度的影响非常大，生长也受到外界环境温度的制约，在正常养殖条件下，是有冬眠习性的。当外界气温下降到10℃以下时，水蛭就会钻入泥土或洞

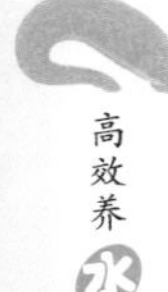

穴中进入冬眠状态。水蛭只有在22～30℃的范围内才能很好地生长，生长速度才能达到最快。而达到这种最适宜的生长温度，对于南方地区来说，正常年景的时间为5～6个月，两广地区和海南等亚热带和热带地区的生长时间略长一些，可达到8个月左右，但也不能确保周年生长，而对于较冷的北方地区来说，一年的生长时间也就4个月左右。这种养殖上的劣势目前还没有很好的办法来解决，也是造成养殖效果并不理想的原因之一。

2. 水蛭的研究成果

我国对水蛭的研究已有多年，目前对水蛭自然发育规律及生长习性、水蛭的自然育苗及工厂化育苗、水蛭与水生植物的高效种养模式等研究已经取得了阶段性成果。

2003年，经国家科技部批准立项，由南京农业大学主持申报，江苏恒盛科技实业有限公司承担的国家“十五”重大科技专项“创新药物和中药现代化——水蛭规范化养殖研究”课题启动，并开展工作。该课题主要研究内容包括：依据国家中药材GAP要求进行水蛭养殖基地农业环境的监控；水蛭人工繁育技术的研究；复混高效养殖模式研究与推广；水蛭人工饲养饲料配方的优化；水蛭主要病虫害的综合防治；水蛭的内外质量的动态分析及质量标准的研究；水蛭规范化养殖标准化生产操作规程（SOP）制定等。

2005年7月，江苏省科技厅通过了由南京农业大学中药材研究所郭巧生教授主持完成的“水蛭人工驯化及其繁殖技术的研究”成果鉴定，居国内领先水平。该研究通过对水蛭摄食时间和最佳摄食温度、水蛭代谢特点、水蛭营养成分研究，结合消化器官解剖观察，初步确定了水蛭的营养源和食性，筛选出了水蛭人工饲料配方，从而为大规模开展水蛭人工养殖提供了物质保障。同时通过水蛭种蛭产卵适宜温度和体重、水蛭卵茧孵化的适宜温度等系列研究，成功地解决了水蛭的人工养殖和繁育问题。

第三节　水蛭发展的制约因素及对策

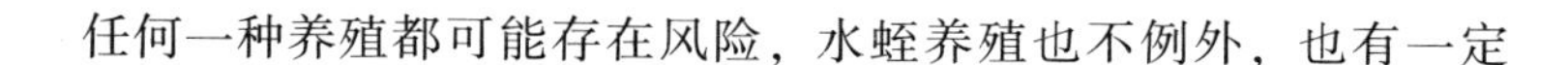

任何一种养殖都可能存在风险，水蛭养殖也不例外，也有一定

的风险，也有制约其快速发展的因素。

根据我们的分析，目前水蛭养殖的制约因素包括市场因素、技术因素和苗种来源上的因素等。

一 制约因素

1. 市场因素

销路是引种的前提，特种养殖由于其“特”决定了其销路之“窄”。作为一项新兴的养殖业，水蛭的发展还是受到市场因素的制约的。虽然水蛭紧缺，但市场并非敞开收购，药商以自己的销路为前提收购，各级药材站也是根据上一年医院的用量以销定购，这就使很多人对水蛭的市场把握不准，最终低价出售。

作为成品水蛭的收购单位，目前全国适宜水蛭销售的市场主要有河北省安国药材交易中心、河南省禹州中药材交易市场、安徽亳州中药材交易市场、山东鄄城的禹王城中药材交易市场、江西的樟树中药材交易市场、成都的荷花池中药材交易市场等。全国各地的中药厂、药店及中药医院也是水蛭销售的一个渠道，各地的药材公司也收购水蛭。引种户一定要到药市亲自考察了解一下实际情况，再寻找一个可靠的合作伙伴，这是特种养殖致富的关键。卖给谁？你能回答这个问题了，你就可以引种了。

2. 引种因素

首先是引种的品种问题。虽然水蛭的品种很多，但人工可养殖的水蛭品种是金线蛭，它是宽体金线蛭、光润金线蛭和尖细金线蛭的统称，最适宜人工养殖的只有宽体金线蛭，其他的品种效益并不是太好，因此在引种时要加以鉴别。

其次是引种的效益问题。由于行情的攀升，水蛭确实成了低投高效的养殖项目，但绝非一本万利，也并不是效益都非常好。通常可见到一些所谓的技术公司和专家用一些养殖效益不好的苗种来冒充优质的或提纯的良种，结果导致养殖户损失惨重。

例如，某个水蛭种苗销售单位在某报上说，养 100m^2（即 1/6 亩）可获水蛭干品 80kg。按亩算，其效益是 12 万元。在这种诱人利润的幌子下，他们把苗种价格炒得很高，达到了 5～6 元/条，是商品价（每条 0.3 元）的 20 倍。

其实，这种高效益的宣传是有问题的。一般情况下，1 亩水蛭可以产出干品 80 ~ 100kg，大多数养殖户最终售出价格为 140 元/kg 左右，因此 1 亩地收入最多 1.4 万元。除去苗种、人员工资、土地租赁和饲料成本外，纯收入也就几千元，远远不像一些炒卖苗种单位所说的每亩有近 10 万元的暴利。

再次是引种的规格问题。水蛭在生长两年以上才有繁殖能力，因此当它的体重在 20g 以下时最好不要引，15g 以下的绝不用；另外在 6 月以后不要引种，以免引进已排过卵的蛭或幼蛭，使当年不见效益。

最后就是炒种的问题。由于水蛭的优质苗种相对比较难得，因此一些机构利用人们发家致富的美好愿望来进行炒种，它们的炒种手段主要有以下几种：一是他们租借某些县（市）科技大楼（厦）某层某间房屋，大打各种招牌广告，如某某科技公司、某某有限责任公司等。由于这些投机者一方面借“名”生财，租借政府部门的科技楼作为办公地点，更具有隐蔽性和欺骗性，往往给养殖户带来一种假象，损坏了政府部门的形象，也伤害了农民兄弟的致富心情；另一方面，由于这些地方交通便利易寻，因而上当的人特别多。其实，这些所谓的公司根本没有试验场地和养殖基地，仅租借几间办公室，布置几张办公桌和一部电话，故意摆些图片、画册、宣传材料来迷惑客户。一旦部分精明的客户提出到现场（或养殖基地）参观访问，他们往往以时间太紧、人手太忙或养殖基地太远为由加以推诿，或者他们就带客户到某一私人养殖场，东点点，西指指，俨然一副大老板的样子。二是这些炒种单位会自编小报，到处邮寄，相当部分内容自吹自擂。三是有些人为了牟取暴利，以次充好，利用养殖户求富心切的心理，在养殖户对养殖水蛭的品种、质量认识不足且养殖水平较低的情况下，把劣质品种改名为优良品种，或将商品充当苗种让养殖户引种，大肆出售且高价出售，给养殖户造成极大的经济损失。四是提供虚假技术。这些炒种单位一般都是由几个人拼凑而成，根本不懂专业技术，不可能提供实用的养殖技术。他们的技术资料纯粹是从各类专业杂志上拼凑或书籍上摘抄，胡编乱造，目的是倒种卖种，进行高价炒作苗种。五是包回收。他们常常利用“你养殖，我回收”来忽悠养殖户，他们会在水蛭集中上市时突然“人间蒸发”，导致养殖户的产品积压在手中。

【警告】>>>>

苗种不但是关系到水蛭养殖能否成功的重要保证，还是水蛭养殖过程中投入比较大的一项，因此一定要慎重。

【提示】 建议初养的养殖户可以采取步步为营的方式，用自培自育的苗种来养殖，慢慢扩大养殖面积，这样效果最好，还可以有效地减少损失。

3. 技术因素

水蛭作为一种特种养殖品种，过去缺乏这方面的经验和技术，加上它的开发养殖时间也不长，因此它的人工养殖技术并不是非常成熟。特别是在人工高密度养殖时，由于它们的放养密度大，对饵料和空间的需求也大，如果养殖技术不过关，如喂养、防病治病等技术不过关，都会导致养殖失败。因此，在实施养殖之前，最好先学习相关技术，要了解水蛭养殖的动态及供求信息，掌握水蛭的养殖技术，学会对水蛭的初加工方法，懂得经济核算，然后少量试养，待充分掌握技术之后，再进行大规模工厂化养殖。至于水蛭素的提取和应用，除了医疗研究机构，绝非一般养殖户所能为，至于那些“无水速生蛭”养殖技术更是凭空而出，不可相信。只有把技术学到手，才能确保养殖成功，销售有了渠道，才可获得比较理想的经济效益和社会效益。

二 发展水蛭养殖业的对策

第一做好相应的知识储备，这是科学养殖水蛭必须具备的条件。那些条件较好的地区计划从事水蛭养殖业的人员，最好先参加学习培训，在掌握一定理论知识的基础上，再到养殖场实地参观学习，经过自己深入地调查研究，再动手养殖，尽量避免盲目性，减少不

必要的经济损失。任何一项养殖业的兴起、巩固和发展，都必须依靠科学技术。因此，首要的准备工作是培训人才，掌握了科学的养殖知识，其他问题才能迎刃而解，才能做到少花钱、多办事、办好事，确保水蛭养殖成功。

第二是因地制宜，根据各地的具体气候和水域条件，充分利用现有的适合水蛭的池塘，节省建设投入，降低投入风险。千万不要一时心血来潮、头脑发热，随便跟风养殖，应在养殖前进行项目的可行性分析，结合自己的条件和资金，否则可能导致失败。

第三就是充分发挥肥料的作用，积极培肥水质，为水蛭提供天然饵料。但是要控制肥料施用的质量和次数，确保水质合适、饵料丰富，不宜过肥，否则容易造成水蛭缺氧，从而影响它的生长发育。

第四就是合理饲喂，提高饲料利用率，积极发挥地方的天然饵料资源。养殖水蛭数量少的一般养殖户，基本上不用花钱就能解决饵料问题。但大型的水蛭养殖场则应考虑养殖水蛭食用的活食，或准备动物血等。刚下池时应及时给水蛭幼苗投喂适合的饲料，如轮虫、小型浮游植物等。水蛭能自己摄食水中微生物和动植物碎屑时，可将米糠、麸皮等植物粗粮与螺蚌、水丝蚓等动物性饲料拌和投喂。同时可利用房前屋后大力培育水丝蚓、水蚤等活饵料。

第五要有合适的苗种来源。水蛭的种源可以野外采集也可以购买，野外采集要注意品种选择，防止品种混杂和没有经济价值的水蛭混入。目前市场上出售的种水蛭，质量差异较大，有按条出售的，有按重量出售的，价格也不一样，养殖户在购买时要慎重选择。

第六就是做好水蛭病害的防治工作，尤其要注意预防疾病。一方面可以促使水蛭健康成长；另一方面，遵循水蛭的生态习性或水蛭的生病规律，做好疾病的预防工作。在水蛭生病后，不要盲目用药，这样可以有效地减少疾病所带来的损失。养殖户要牢记一个观念，那就是“没有伤亡就是最高的产量”，只有成活率提高了，产量才能得到保证。

【小贴士】所有的对策都是次要的，只有一条是最重要的，那就是自己动手、自己养殖、自己掌握市场与养殖技术，从苗种供应到产品销售、从养殖模式到技术保证、从饵料配制到养殖管理等方方面面，不能处处受制于人！

第四节 水蛭的价值

一 水蛭的药用价值

水蛭是一种国内外紧俏的中药材原料，性平，有小毒。水蛭的成分主要是蛋白质，并含有 17 种氨基酸，以谷氨酸、天门冬氨酸、亮氨酸、赖氨酸和缬氨酸含量较高。其中人体必需氨基酸 7 种，占总氨基酸含量的 39% 以上，氨基酸总含量约占水蛭的 49% 以上。此外，水蛭还含有肝素、抗凝血酶，含有人体必需的常量元素钠、钾、钙、镁等，并且含量较高。除了常量元素外，还含有铁、锰、锌、硅、铝等共 28 种微量元素。

二 水蛭的药用效果

现代中医药典中认为，水蛭具有破血通经、消积散瘀、消肿解毒和堕胎的功效。1986 年，在全国活血化瘀学术报告中，水蛭被确定为 35 种活血化瘀的中药材之一。近年来的研究发现，水蛭对肿瘤、肝炎和心血管疾病都有显著疗效。

自古以来我国中医界就把水蛭作为一种祛病救人的良药，药用宽体金线水蛭在《神农本草经》和《本草纲目》里早有记载。医圣张仲景用其祛邪扶正，治疗“瘀血”和“水结”之症，显示了其独特的疗效。目前，我国批准生产的以水蛭为主要原料的中药有几十种，水蛭体内的水蛭素有防止血液凝固的作用，有抗血栓形成的作用，可以这样说，水蛭素是拒绝“三高”人群的良药。

公元 1500 年前，埃及人首创医蛭放血疗法。到 20 世纪初，欧洲人更迷信医蛭能吮去人体内的病血，无论头痛脑热概用医蛭进行吮血治疗。后来，随着医学的发展，这种带有迷信色彩的治疗方法才逐渐被放弃了。然而近年来，医蛭在医学上的新用途正受到人们广

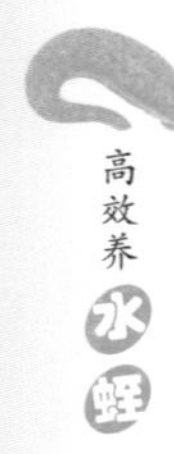

泛的关注。整形外科医生利用医蛭消除手术后血管闭塞区的瘀血，减少坏死发生，从而提高了组织移植和乳房形成等手术的成功率。在再植或移植手指、脚趾、耳朵、鼻子时，利用医蛭吸血，可使静脉血管通畅，大大提高了手术的成功率。现代研究发现，水蛭素是迄今为止发现的世界上最强的天然特效凝血酶抑制剂，能够阻止血液中纤维蛋白原凝固，抑制凝血酶与血小板的结合，具有极强的溶解血栓的功能。另外，它还有降血脂、增加心肌营养血流量、终止妊娠等作用。

综合目前的文献资料和我国一些科研机构所做的研究工作，以及一些临床效果来看，吸血水蛭在防治心脑血管疾病方面比非吸血水蛭更有发展前景，因此，在养殖时，一定要选择好品种。

三 水蛭的经济价值

不可否认，水蛭的市场价格很高，养殖水蛭可以有较高的经济收益，而且目前水蛭在市场上很难找到，常常处于有价无货的状态。同时，水蛭还是我国中药材中的出口创汇产品。

四 在美容化妆品中的应用

水蛭产品的一个重要提取物就是水蛭素，研究表明，天然水蛭素是可以用在美容化妆品中的。这种天然提取物用于美容化妆品时，具有双重功效：一种功能是吸收迅速。这是因为天然水蛭素的分子量很小，它的通透性很强，在没有其他助渗剂的情况下就能迅速地渗透到真皮肤层，更易被深层的皮肤细胞吸收，从而达到美容的功效。另外，它还具有改善和修复面部皮肤的功效。天然水蛭素能快速稀释血液黏稠度、加快血液流通速度和疏通毛细血管，因此具有改善皮肤微循环、修复面部皮肤的功能，同时对面部具有消炎、消肿的功能，可抑制或减少黑色素细胞的生长。因此，能很好地消退面部色素沉着，从而达到面部美容化妆的效果。

第五节 关于水蛭的几个误区

一 水蛭就是蚂蟥的误区

在许多人的印象中，那形象丑陋、身体软塌塌、黏糊糊的水蛭

就是著名的“吸血鬼”—— 蚂蟥。而另一方面，许多宣传报道和文章中也都将蚂蟥说成水蛭，因此相当一部分人认为水蛭就等同于蚂蟥。其实这是一个误区，这种表述是十分不科学和不严谨的。

要了解这个误区，就要看两者的区别。可以从两个方面进行区别，一是形象上两者很像，但是还有区别，这种专业上的区别可以从由中国社会科学院语言研究所词典编辑室编，商务印书馆出版的《现代汉语词典》中查到。词典中并没有将水蛭和蚂蟥放在一个词条里统一阐述，而是分别放在不同词条里进行阐述，而且是有区别的。对于水蛭，是这样注释的：[水蛭] 环节动物，体狭长而扁，后端稍阔，黑绿色，生活在池沼或水田中，吸食人畜的血液。而对于蚂蟥，是这样注释的：[蚂蟥] 蛭的统称。

综上所述，水蛭与蚂蟥根本不是同一种动物。当然了，在动物学分类上，它们的分类地位是一样的，都是蛭纲动物。

二 对水蛭吸血与否的误区

由于水蛭的种类较多（有 600 多种），绝大多数在淡水中生活，极少数生活在咸水中，个别种类生活在陆地上，不同的水蛭分布区域有局限性，加上人们对水蛭的认知感相对较低，有许多人对水蛭是否吸血也存在一些误区。例如，华南地区的广东、广西、海南等地，温度较高，水蛭的生长时间较长，在那里生长的天然水蛭基本上都是吸血的，因此在这些地方的人们普遍认为水蛭都是吸血的，不可能有不吸血的水蛭存在，这主要是那里的人们几乎没有见过不吸血的水蛭。而在长江流域的安徽、江苏和湖北、湖南等地的人们则认为水蛭是不吸血的，这是因为这里生长的天然水蛭吸血的少，不吸血的多。

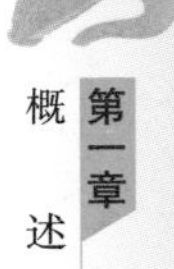

还有一点，许多人并不了解，就是蛭类中大多数种类营半寄生生活，有些品种幼时捕食，成年后过吸血生活。而且蛭类吸食的寄主往往是一类动物，而不是一种动物。如医蛭类的水蛭都喜欢吸食所有脊椎动物的血液。

三 只要是水蛭都能入药的误区

随着对栓塞性心脑血管疾病以及天然抗凝溶栓药物研究的不断

深入，“水蛭”“水蛭素”等概念也越来越广泛地引起人们的关注，并越来越频繁地出现在一些文章和广告中。给人们造成了一个印象，只要是水蛭都能入药，其实这也是一个误区。

药用原材料是关系到人们的身体健康和安全的，国家相关部门对此是非常谨慎的。根据我国的相关法律法规的规定，只有被《中国药典》收录或者被省级地方标准收藏的中药材品种才能作为药用，否则就是违法的。据此标准，我们目前检索到的作为药用的水蛭品种只有4种，而全世界的水蛭品种超过600种，我国国内的水蛭品种就超过90种，所以说，绝大部分的水蛭品种是不能入药的。

在4种入药的水蛭中，吸血类品种和非吸血类品种各占一半，其中菲牛蛭和日本医蛭是吸血类的两个品种，而宽体金线蛭和柳叶蚂蟥是非吸血类的两个品种。根据相关学者的研究表明，不同的水蛭入药效果也是有区别的，非吸血类水蛭在降脂方面效果明显，而吸血类水蛭则在抗凝溶栓方面独树一帜，深受人们的喜爱。

四 只要是水蛭都含有水蛭素的误区

许多人认为，养殖或捕捉水蛭就是用来提取水蛭素的，因为所有的水蛭里都含有水蛭素，这也是一个误区。根据专家研究表明，天然水蛭素并不是所有水蛭动物都共同拥有的物质，在1884年，英国科学家Haycraft首次发现欧洲医蛭含有抗凝血物质。20年之后的1904年，英国科学家Jacoby成功地把这种抗血凝有效成分分离出，并定名为水蛭素。所以，当时的天然水蛭素实际上只是欧洲医蛭所特有的一种抗凝血酶。随着医学的发展，后来也在菲牛蛭和日本医蛭等吸血类的水蛭中陆续提取到水蛭素。因此，水蛭素是吸血类水蛭所特有的一种抗凝血酶物质，而非吸血水蛭是不含抗血凝物质的。因此，把“水蛭”“蚂蟥”“水蛭素”混为一谈是不科学的，认为所有的水蛭里都能提取到水蛭素的观点也是完全错误的。

五 天然水蛭素被重组水蛭素取代的误区

不难发现，一些广告中宣称重组水蛭素的好处是价格比天然水蛭素低很多，而且效果是一样的，这种宣传是商家的欺骗行为，是一种误区。

近年来，国外的一些研究机构和专家，利用重组 DNA 技术获得重组水蛭素，最早的是 1997 在德国市场上出现的重组水蛭素。而我国在 20 世纪 80 年代末也开始这方面的研究，在重组水蛭素的研究方面投入了大量的人力和物力，但到目前为止，国内重组水蛭素尚未上市。主要原因是可能导致出血难以克服的副作用。因此，重组水蛭素的开发和应用受到了限制。

重组水蛭素并没有取代天然水蛭素，给一些病人带来福音，究其原因是：一方面，尽管重组水蛭素和天然水蛭素的氨基酸序列和结构非常相似，两者看起来是可以替代的，但是在 63 位酪氨酸残基未被硫酸化，就是这一个小小的差别，就使得重组水蛭素对凝血酶的抑制效率比天然水蛭素降低了 90% 以上；另一方面，早期使用的临床研究表明，使用了这种重组水蛭素的患者更容易出现导致出血的副作用。正因为这种重组水蛭素具有不可克服的先天性缺陷，使其无法替代天然水蛭素。出于对患者生命安全负责，我国目前已经禁止了重组水蛭素的进口。重组水蛭素无法取代天然水蛭素还有一个原因，就是重组水蛭素有一个生物半衰期短的缺点，再加上利用进口的重组水蛭素来治疗也比较昂贵，使得其在临床上推广应用受到相当大的阻力。综上所述，天然水蛭素被重组水蛭素取代，在目前来看是不可能的。

六 水蛭的全身都含有水蛭素的误区

我们都知道，河豚的毒素存在于皮肤、血液和肝脏中，毒蛇的蛇毒仅存在于蛇的头部，而身体的其他部位却没有毒性。同样，天然水蛭素也不是存在于水蛭的所有身体部位中，它作为一种分泌型的生物活性物质，仅存在于水蛭头部的唾液腺及其所分泌的唾液中，其他的部位是不含有天然水蛭素的。

七 水蛭被切成多段后都能长成多条水蛭的误区

在生活中，我们常常会听到这样一种说法，就是水蛭的命很强，即使切成几段，只要把这些小段放到合适的环境中，就能全部成活，而且还能长成一条条的小水蛭，这也太神奇了，事实果真如此吗？

其实这也是一个误区，不可否认的是，水蛭确实有很强的再生

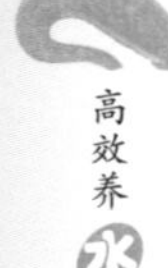

能力，而且它的伤口也有很强的自愈能力，但是这种再生能力和自愈能力并不是万能的。水蛭身体一些较简单的器官被切除后确实能再长出来，这说明它的再生能力很强。但是对于一些较为复杂的器官尤其是影响到水蛭的生殖繁育的器官，在切除后就难以再长出来，水蛭就会死亡。研究表明，在所有的组织结构和器官中，生殖器是一个非常重要的器官，因此，在把水蛭切成多段后，有生殖器的一端切口就会自动愈合伤口，从而再生出一个新的完整的个体，而那些没有生殖器的一段或数段就会在不久慢慢死亡。所以说，当水蛭被切成两段或数段后，只有含有生殖器官的那一段才有可能存活下来。

【提示】许多动物都有再生能力，但是它们的再生能力也是有限的，而且再生部位也是有一定讲究的，水蛭也是一样，并不是再生万能型的。

八 吸血水蛭进入人体后会在人的身体内部长出很多水蛭的误区

在水网地带的人们在河湖里野泳时，有时会发现腿上会吸附着水蛭，因此就有传言说是只要水蛭进入到人体内，就会在人的身体内自动生长、自动繁殖，会长出许多鲜活的水蛭，让人听起来毛骨悚然，其实这是一个误区。当人们在野外作业时，即使水蛭接触到人体，由于它也要呼吸，因此它不可能进入到人的内部组织器官内，而是在可以呼吸到空气的地方营寄生生活，这些可能有水蛭的人体器官有鼻腔、阴道、肛门、咽喉部，而且可能在这些部位长期存活；当水蛭不慎进一步进入人体器官时，人体会有专门的细胞来攻击并杀死、消融水蛭，因此它不可能在人体内部存活，更不可能繁殖，因为人的寄生部位缺少它繁殖所需的必要条件。

【提示】当我们在江河湖泊里野泳或者作业时，要及时清理身体表面，如果在上述部位发现有瘙痒时，应立即到医院就诊。

九 水蛭新品种的误区

有一些报道说水蛭现在有新品种，比如特大宽体金线蛭、中国大水蛭和中华一号等，其实这是一个误区：一是目前并没有特大宽体蛭、中国大水蛭和中华一号的品种；二是水蛭的品种是有明确界定的，目前并没有文献资料记载有新的品种出现；三是这种说法是商家的炒作行为，目的就是赚钱；四是所谓的新品种，实际上还是我们所讲的几种，只不过有一些商家将普通水蛭进行提纯复壮而已，或者是专门挑选一些大个的水蛭来蒙骗订苗的养殖户的。

【警告】>>>>

只要大家认准某养殖品种，然后再加以提纯复壮就可以了，不必过多考虑一些所谓的新品种。

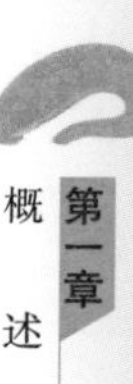

——第二章——
水蛭的品种及生物学特性

第一节　水蛭的分类

虽然水蛭的外形不起眼，而且也让人害怕，但它却是地球上非常古老的低等动物之一，在长期的生存与进化中，它形成了特殊的适应环境的能力，适应能力很强大，而且分布很广泛，在水田、稻田、湖沼、沼泽地区，以及山区、林间、竹林里都能看到它们。根据相关专家从波罗的海沿岸捡拾到的嵌有水蛭遗骸的琥珀化石的分析研究表明，水蛭在地球上至少已经生活了4000万~5000万年，比我们人类的历史还要长得多。

一　分类地位

从分类学地位上来看，水蛭为环节动物门、蛭纲、颚蛭目、水蛭科。蛭纲包括4个目，即棘蛭目、吻蛭目、颚蛭目和咽蛭目，而具有养殖效益的主要是颚蛭目，其中在医学上应用较广泛的日本医蛭、宽体金线蛭和茶色蛭都是颚蛭目的一种，当前我国中药材市场上主要经营蛭类为宽体金线蛭。

二　水蛭的特征

水蛭是鄂蛭目的一个品种，就鄂蛭目来说，它是非常重要的一目，这类动物的咽头是固定的，它本身没有可以任意伸缩的吻部，动物口腔内具有3个鄂板，鄂板是这类动物用来咀嚼食物的主要器官。这类动物的血液循环系统比较简单，身体内部没有真正的血管系统，而是由血体腔系统的功能取代了血液循环系统的所有功能。当活体水蛭死后，可以发现它的血体腔液（我们有时称之为血液）是红色的。相对于低等动物来说，这类动物的生殖系统是相当复杂的，它们已经具有了交配器官，而且在卵茧内有蛋白营养胚胎，这就为幼水蛭的繁殖提供了营养支持。从它的外观上来看，这类动物完全体节基本上由 5 环发展而成，基本上是水生或陆生。水蛭特征如图 2-1、彩图 2-1 所示。

图 2-1　水蛭特征

三 水蛭的种类

鄂蛭目的水蛭很多，主要有用于放血疗法、清除瘀血、断肢再植等外科手术的医蛭，包括常见的日本医蛭（Hirudo nipponica）以及和丽医蛭（Hirudo pulchra）等；在古印度曾被广泛用来放血，以避免使用外科手术刀的牛蛭，包括棒纹牛蛭（Poecilobdella javanica）、远孔牛蛭（P. similis）、菲牛蛭（P. ganilensis）；生活在温湿的山区，在草丛或竹林中等候过往宿主、吸食脊椎动物血液的山蛭，包括日本山蛭（Haemadipsa japonica）、天目山蛭（H. ianmushana）、

盐源山蛭（H. yanyuanensis）；在我国池塘、稻田中分布很普遍的金线蛭，包括宽体金线蛭（W. pigra）、光润金线蛭（W. laevis）、尖细金线蛭（W. acranulata）等。

由于水蛭种类较多（我国有水蛭 90 多种），形态各异，而适于我国人工养殖的药用种类较少，主要有金线蛭属的宽体金线蛭、尖细金线蛭（又称柳叶蛭或茶色蛭）和医蛭属的日本医蛭 3 种。其中最有养殖价值的是宽体金线蛭，在中药材中用量最大。为便于识别，现把这些水蛭特征作一基本介绍，以防养错或受炒种人员的欺骗。

在人工养殖水蛭之前，我们要弄清楚所要养殖的究竟是哪一类水蛭？这一类水蛭的市场前景如何？养殖难度大不大？这些问题对于初次养殖水蛭的养殖户来说是非常重要的。另外，吸血类水蛭和非吸血类水蛭对饲养管理的要求也是不同的，绝不能张冠李戴。

1. 宽体金线蛭（彩图 2-2）

宽体金线蛭又叫扁水蛭、宽身蚂蟥、牛蚂蟥、蚂蟥、水蚂蟥，是水蛭中药用价值较高的品种，是我国主要的医用水蛭，也是目前最适宜人工养殖的水蛭品种。宽体金线蛭是一种大型水蛭，体形宽大，略呈纺锤形，扁平且较肥，长 6 ~ 13cm，它在爬行时长度可拉长至 20cm 左右，宽 1. 3 ~ 2. 2cm，大的体宽可达 3. 5cm，每条成年蛭体体重可达 20 ~ 50g。水蛭体前端较窄，后端较阔，蛭体的背面有由黄色和黑色两种斑纹相间形成的纵纹 5 ~ 6 条，中央有一条白色阔带，较粗长，在水中以肌肉收缩、身体收缩游动爬行。腹部淡黄色，杂有 7 条断续的、纵行的不规则的茶褐色斑纹或斑点，其中中间两条较明显。宽体金线蛭体环数 107 节，环带明显，各环之间宽度相似。宽体金线蛭的体前端较尖，有前后两个吸盘，前吸盘相对较小，后吸盘圆大，直径不超过体宽的 1/2，吸附力强。眼有 5 对，呈弧形排列。

宽体金线蛭是雌雄同体，肛门开口于最末两环背面，在第 33 节与第 34 节、第 38 节与第 39 节的环沟间分别有一个雄性生殖孔和雌性生殖孔。它的繁殖率很高，全年产茧分春、秋两季。阳春三月开始出土取食、交配、繁殖，每条水蛭全年能产 4～6 个茧，茧形似海绵形状，像白果、小鸟蛋，每个卵茧可孵化幼苗 25 条左右，幼苗成长速度快，一般人工养殖，通过精心管理，三个月就能长大为成品（图 2-2）。

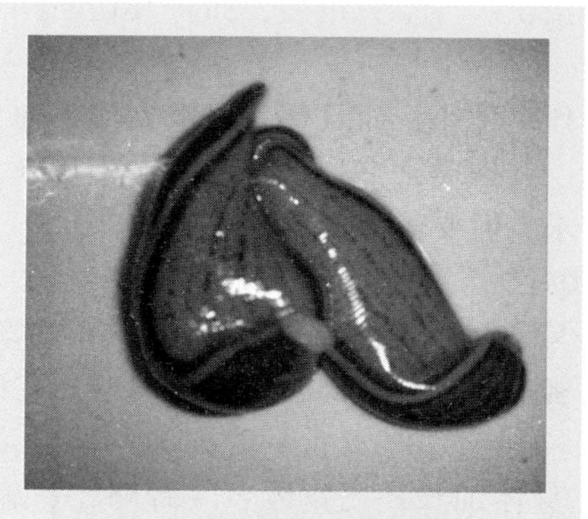

图 2-2　宽体金线蛭的腹面

宽体金线蛭口内有颚，颚上有两行钝齿，颚齿不发达，不吸血。生活于水田、河流、湖沼中，主要以螺蛳、河蚌、水中软体动物、浮游生物和水生昆虫幼虫及腐殖质为食，在外界温度低于 10℃ 就停止进食，温度低于 5℃ 就钻进泥土中进入冬眠。

2. 日本医蛭（彩图 2-3）

日本医蛭又名稻田吸血蚂蟥、稻田医蛭、医用蛭、蚂蟥、线蚂蟥、水蛭、日本医水蛭等，也是一种药用的水蛭。

日本医蛭体狭长，稍扁，略呈圆柱形，体长 3～6cm，宽 0.4～0.5cm。背面呈黄绿色或黄褐色，有黄白色的纵纹 5 条，在纵纹的两旁有褐色斑点分布，但背部和纵纹的色泽有很大的变化，背中线和一条纵纹延伸至后吸盘上。腹面平坦，灰绿色，腹侧有一条很细的灰绿色纵纹。日本医蛭整个身体的环带有 103 环，环带不显著。眼有 5 对，呈马蹄形排列。日本医蛭的前吸盘较大，口腔内有半圆形颚 3 片，在较发达的颚上有一排锐利的细齿。后吸盘呈碗状，朝向腹面，背面为肛门。食道内壁有 6 条纵褶。

日本医蛭的阴道囊狭长，雄性生殖孔位于第 31 与第 32 环沟间

(位于第九体节处)，雌性生殖孔位于第36与第37环沟间（位于第十一体节处)，雄交配器露出时呈细线形状。

日本医蛭的颚齿发达，以吸食人、畜、鱼类和蛙的血液为主食。它的行动敏捷，能作波浪式游泳和尺蠖式移动，春暖时即活跃，6～10月为产卵期，冬季蛰伏。再生力很强，如将其切断饲养，能由断部再生成新体。

由于日本医蛭个体小，而且都是以吸食活体血为主，所以不宜人工大面积饲养。在医学上多以活体使用，不用来加工药品。国外对医蛭有大量需求，但要求必须是活体。

3. 尖细金线蛭

尖细金线蛭又名柳叶蚂蟥、秀丽黄蛭、秀丽金线蛭、尖细黄蛭、茶色蛭、牛鳖、柳叶蛭、茶色柳叶蛭、牛蚂蟥。它的干燥品称为长条水蛭。

尖细金线蛭身体细长，比宽体金线蛭略小，扁平，呈柳叶形，头部极细小，前端1/4尖细，后半部最宽阔。体长2.8～6.7cm，宽0.35～0.8cm。尖细金线蛭的背部为茶色或橄榄色，有细密的黄褐色或黑色斑纹构成的纵线5条，其中以中间一条纹线最宽，背中纹两侧的黑色素斑点呈新月形，前后连接成两条波浪形斑纹。腹面平坦，呈淡黄色，有不规则的暗绿色斑点散布。尖细金线蛭的环带有105环，环沟分界清晰，眼有5对。前吸盘很小，口孔在其后缘的前面。其余与宽体金线蛭相似。

尖细金线蛭的第34与第35节，第39和第40节的腹面正中分别有一个雌性生殖孔和一个雄性生殖孔，阴茎中部膨大。

尖细金线蛭的食性较杂，以水丝蚓和昆虫幼虫为食，但最喜欢吸食牛血，所以叫作牛鳖。

4. 光润金线蛭（彩图2-4）

光润金线蛭是一种分布比较广泛的水蛭，体形较小，它的身体略呈纺锤形，前面逐渐变尖细，而到了身体的后面部分就变得较宽且圆，身体后半部的宽度变化不大，尾吸盘较小，约为体宽的1/3。光润金线蛭的长度一般为3.2～8.1cm，体宽0.5～1.2cm，通常背面是呈棕色的，有5条黄色纵纹，以侧中一对最宽，而且有光泽。腹面平坦，呈浅黄色，有不规则的小斑点散布。光润金线蛭的环带也有105环，环沟分界清晰，眼有5对。前吸盘小，口孔在其后缘的前面，肛门在最后一环的背中，其余与宽体金线蛭相似。

光润金线蛭的第10到第13节腹面正中有生殖环带，成熟个体的这一部分明显膨大。

光润金线蛭常以田螺、椎实螺等螺类及昆虫幼虫等为食。但它的繁殖量小，产量低，不宜人工规模养殖。

5. 棒纹牛蛭

棒纹牛蛭又叫爪哇拟医蛭，它的身体狭长，略呈圆柱状，背腹稍扁平。前端钝圆，在正常体态时头部宽度小于最大体宽，中段稍后最为粗大。体长3～6cm，最大的可达8.5cm，体宽0.4～0.85cm，背面有5条黄白色的纵纹，以中间一条最宽和最长，黄白色纵纹将灰绿色分隔成6道纵纹，背中两条最宽阔。灰绿色纵纹在每节中环上较宽且色淡，因此看上去似由棒状纹组成。体背侧及腹面均有黄白色，而在背侧又各有一条很细的灰绿色纵纹，口孔很大，口底有新月形的颚3枚。

6. 山蛭

山蛭又叫旱蚂蟥、吸血鬼。山蛭体呈亚圆柱形，后端粗大，从后向头端渐尖，体长2.5～3.6cm，体宽0.2～0.35cm，体色为黄褐色，有深绿色背纵纹3条，它的头尾各有一个吸盘，前吸盘的中央是口，口内有3个肌肉质颚呈“Y”形，每个肉颚的纵脊上有一列小齿，后吸盘有明显的放射肋。当人或动物在山林中行走时，山蛭常用尺蠖式运动，不知不觉地爬到人或动物身上，在脚、小腿、颈等处吸血，它用两个吸盘牢牢地吸着皮肤，再用口中的颚在皮肤上切开“Y”形的伤口，吸食血液。由于山蛭口里能分泌抗凝血的物质，破坏了血液中血小板的凝血功能，因此被山蛭咬过的伤口常血流不止。在医院，医生也常利用这一特性，用山蛭或其他蚂蟥来治疗病人的局部充血。

山蛭在清晨和雨后极为活跃，中午前后及干旱时较少活动，繁殖季节在5～10月，其中6～8月繁殖数量最多。山蛭所产卵茧是圆形的，茧壁分两层，内层光滑，外层为蜂窝状或海绵状。

7. 菲牛蛭（彩图2-5）

菲牛蛭又名金边蚂蟥、马尼拟医蛭，是近两年来市场上比较紧俏的水蛭品种之一，在市场上多以活体和冷冻体出售，一般出口较多，多用于提取水蛭素。

菲牛蛭身上有杂色斑，整体环纹显著，每环宽度相似。眼有5对，呈“U”形排列，口内有3个半圆形的颚片围成一“Y”形，当吸着动物体时，用此颚片向皮肤钻进，吸取血液，由咽经食道而储存于整个消化道和盲囊中。因此，在吸血后可以看到明显的圆形吸血的印痕中间有“Y”形伤口。这种水蛭具有一种特殊的能力，就是在吸血的同时会分泌出一种扩张血管的类组胺化合物，故被它吸血后伤口处流血不止。菲牛蛭的身体各节均有排泄孔，开口于腹侧。雌性生殖孔和雄性生殖孔相距4环，各开口于环与环之间。前吸盘较易见，后吸盘更显著，吸附力也强。

菲牛蛭的食性比较杂，尤以血液为主。在人工养殖时主要是以吸吮猪、牛、羊等牲畜和鸡、鸭、鹅等禽类的血液为主，在自然界的野生状态下，则以吸吮鱼类、蛙类、蛇类和牛以及人的血液为主，它的一次吸血量比较多，可以达到它自身体重的2～10倍。在食物缺乏的情况下，具有较强的耐饥饿能力，吸血一次可以维持几个月。

第二节　水蛭的形态结构和生理系统

一、水蛭的外形

1. 身体特征

几乎所有的水蛭背腹都是扁平状的，它的前端比较细长，有一个吸盘，围在口的周围，可以牢牢地吸附在人、畜的体表上，便于水蛭取食，后吸盘呈杯状。水蛭的整个体形是叶片状的，体表呈黑褐色、蓝绿色、棕红色、棕色等，背面或多或少地有几条不同颜色的斑纹或斑点（彩图2-6、图2-3）。

2. 体长

不同的水蛭，体长是不同的，而且相差很大，大的水蛭体长可达30cm左右，小的水蛭只有1cm左右，我们通常见到的水蛭体长多

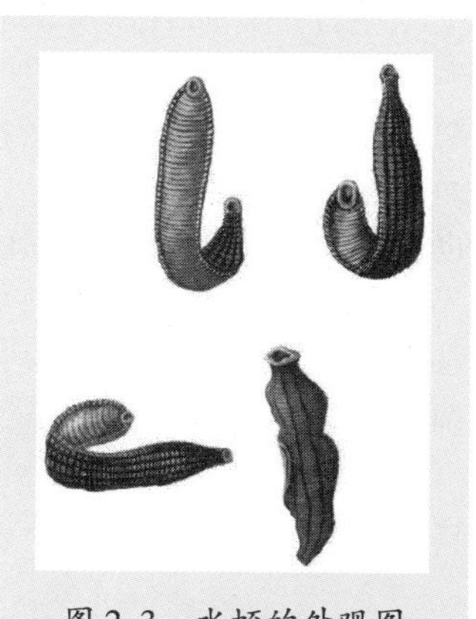

图 2-3 水蛭的外观图

数在 3 ~ 6cm。水蛭还有一个重要特点，就是它的身体具有极强的伸缩性，其伸缩的程度可能与取食的多少有关。

3. 体节

水蛭的身体是分节的，但常被体表的分环所掩盖。不同的水蛭体节数是不同的，但同一类水蛭的体节数是相同的、固定的，这也是不同水蛭间的区别之一。例如，日本医蛭的体节数为 103 节，宽体金线蛭体节数为 107 节。水蛭的生长是通过体节的延伸而加长，最后达到生长的目的。

水蛭的体节并不是一成不变的。一般来说，水蛭的前端的几个体节会演变成前吸盘，而后端的几个体节会演变成后吸盘，前吸盘小，后吸盘较大，前后两个吸盘都具有吸附和运动的功能，是水蛭用来贴近人、畜的主要器官。

不同的水蛭，它的体节方面还有一个重要的不同点，就是生殖环的位置不同。例如，日本医蛭的生殖环带位于第 9 至第 11 体节处；而宽体金线蛭的生殖环带在第 33 与第 34 节有一个雄性生殖孔，第 38 与第 39 节又有一个雌性生殖孔。这种生殖环带位置的差异也是水蛭种类鉴别的依据。水蛭的吸盘及体节如彩图 2-7 所示。

4. 分区

俗话说：“外行看热闹，内行看门道。”对于不太了解水蛭的人

来说，它的外形基本上是一样的，而且没有头尾的区别。其实，水蛭不但有头尾的区别，而且在外形上也是有差别的。为了方便研究和养殖，人们人为地将一条水蛭划分为五个区，不同区的具体位置随着水蛭品种的不同而有一定的差别。

第一区为头区，也就是人们通常所说的水蛭头部，它是由退化的口前叶和前几个体节共同构成。头区背面一般有 5 对眼点，基本上是呈倒“U”形排列，头区的腹面进化成为一个腹吸盘，吸盘中央为口，水蛭借助吸盘的吸力来贴在动物体表上，再通过吸盘中央的口来吸取血液。

第二区为生殖前区，也就是头区和生殖区间的过渡地段，一般是由 3 个体节构成。

第三区为生殖区，也叫环带区，不同的水蛭品种生殖区的具体位置是不同的。由于水蛭是低等动物，它是雌雄同体的。一般雄性生殖孔在前面，雌性生殖孔在后面，雄性生殖孔和雌性生殖孔之间有一个体节相隔（值得注意的是，一个体节里可能有数个体环），平时这些环带并不明显，也不太好区分，但是一旦到了水蛭的发情、生殖期间，它的环带就变得非常明显，这也是分辨水蛭是否达到性成熟的方法之一，在购买亲蛭时一定要注意识别。

第四区为体区，也叫体中区，占身体的绝大部分，也是水蛭赖以生长发育的主要区位，一般由 15 个体节（几十个体环）组成。水蛭的体腔、循环系统、呼吸系统、消化系统等主要功能区都在这个体中区。

第五区为末端区，也就是人们通常所说的肛门部位，其实在这个位置还有一个重要的器官，那就是后吸盘，肛门开口在后吸盘的前端背面。水蛭通过后吸盘的固定、吸附，配合前吸盘来达到运动的目的。水蛭的各区如彩图 2-8 所示。

水蛭的身体看起来是比较光滑的，因此它的体节界限在外形上也是很难区分开的。这时可以通过从每个体节的第一体环上的乳突或后肾孔的开口来判断体节，这当然需要专业人士来进行判断。对于一般的养殖户来说，只要选择好品种，了解它们的生活习性和养殖方式就可以了。

二 水蛭的体壁

水蛭的体壁（彩图2-9）也是比较简单的，它是由表皮细胞及肌肉层共同组成的。水蛭的表皮细胞非常丰富，它向外分泌一薄层的角质层，角质层的细胞中含有许多单细胞的腺体并沉入到下面的结缔组织中，形成很薄的一层真皮层，它们的分泌物具有湿润体表、维持呼吸、调节身体水分的功能。不同的水蛭颜色是有一定差别的，有的是棕色的，有的是淡蓝色的，有的是褐色的，这是因为在真皮中有许多色素细胞，水蛭体表出现不同的色泽就是这些色素细胞的功劳。

在表皮下面就是肌肉层，水蛭的肌肉层是很发达的，包括环肌、斜肌、纵肌以及背腹肌等，其中纵肌是最重要的，水蛭的运动就是通过肌肉尤其是纵肌的波状收缩来实现的。另外纵肌的两端直到前后两个吸盘，通过纵肌的收缩，吸盘会牢牢地固定在猎物上。

水蛭生命力极强，再生能力也强，如将其身体切成段，能由断部再生成新体。

三 体腔与循环系统

水蛭和其他环节动物的一个重要不同的地方就是它的体腔发生较大的变化，首先是它的体腔缩小，呈细管状，这是由于水蛭在长期的进化过程中，为了适应生存的需要，它的体腔被大量的结缔组织侵占而显得越来越小，以至于水蛭体节间的隔膜也渐渐地消失，甚至它的背血管和腹血管也完全消失。其次是当体腔萎缩时，它的身体中部并没有形成空白区，而是被一种葡萄状的组织迅速替代，占领了整个体腔，从而形成发达的血窦。

水蛭并不像其他的环节动物一样，有相对完善的循环系统，它体腔内的血窦就充当了循环系统。这种呈葡萄状的血窦组织表面积很大，在血窦中充满了体腔液，它通过侧血窦的搏动及身体的收缩来共同推动体腔液的流动，达到体液循环的目的。

四 呼吸系统

只有极少数的水蛭是用鳃呼吸的，这种情况出现在那些在海水中生活的水蛭。而对于大部分的水蛭来说，主要是通过体表来达到

交换气体的目的，也就是人们所说的皮肤呼吸。这是因为水蛭体表很光滑，表面积也很大，在它的皮肤中布满丰富的毛细血管网，通过这些表面积巨大的毛细血管，水蛭可以实现气体交换，吸收溶解在水中的氧气，而同时将一些废气排放在水中。而当它离开水时，只要在潮湿环境中，它的表皮没有受到伤害就能继续进行呼吸，这时它的表皮腺细胞能分泌大量的黏液，这种黏液有两个作用，一个作用是防止太阳的暴晒，避免水蛭因体内的水分过快地失去而死亡，另一个作用就是通过黏液来完成呼吸作用。在水蛭身体表面的黏液会结合空气中游离的氧，再通过扩散作用进入到皮肤血管中，同时也将体内的废气通过黏液释放出来，从而达到气体交换的目的。

五 消化与排泄系统

虽然水蛭看起来很简单，但是它的消化与排泄系统却并不简单。通过解剖可以看出，水蛭的消化系统是由口、口腔、咽、食道、嗉囊、肠、直肠和肛门 8 部分组成。

水蛭的最前头就是口，是由几节体节组成的，口的附近有前吸盘，通过吸盘的吸引，水蛭才能附着且固定在目标上。

人们通常养殖的水蛭是没有吻部的，紧随着口的就是一个口腔，在口腔内有 3 个呈倒三角形排列的颚，在颚的旁边有一排尖锐的细齿，因此水蛭在吸血后会在寄主皮肤上留下“Y”形切口。

口腔后就是咽部，水蛭的咽是肌肉质，在它的咽壁周围有发达的肌肉，通过肌肉的运动来达到吸血的目的。有研究表明，水蛭的咽部肌肉在吸血时就像一台小水泵，通过肌肉有力且有规律地运动，寄主的血液就源源不断地被抽吸到水蛭的体腔中。水蛭的咽壁周围还有单细胞的唾液腺，它可以分泌抗凝血素，也叫水蛭素。水蛭把水蛭素注入寄主的伤口处，这时伤口的血液就不再凝固了，水蛭也就可以随心所欲地吸血了，因此有许多人都称水蛭是“吸血鬼”。

水蛭的咽后部是一条极短的食道，这是被抽取的血液进入后面体腔中的必备通道。

紧跟着食道后面的是胃或嗉囊，对于一些捕食性的水蛭来说，食道后面就是胃，这种胃也比较简单，它就是一个简单的直管而已，是将食物运送到肠子的过渡阶段。而对于大部分以吸血为生的水蛭来说，它们的胃就演变成了有 1～11 对侧盲囊的嗉囊，这些侧盲囊长短不一，其中最后一对侧盲囊是最长的，它可以直达身体后端。值得注意的是，嗉囊的主要功能并不是消化食物，而是作为一个仓库使用，水蛭用它来储存吸食的血液，正是由于这种巨大的仓库，当水蛭每次吸血后，它的吸血量能达到它自身体重的 5 倍左右。

无论是捕食的还是吸食的水蛭，所有的食物进行消化的主要场所就是肠，水蛭的肠位于胃（或嗉囊）之后。在嗉囊中的食物经过储存后，在进入肠子的过程中，食物中的水分就会通过肾排出体外，而留下的就是去水的食物，这些食物就会在肠子里被消化。和所有的动物一样，消化食物时是需要消化酶的，水蛭的消化道也有消化酶，目前发现的消化酶主要是肽链外切酶，而其他环节动物中常见的淀粉酶、脂肪酶及肽链内切酶却很少有。正因为这些酶的缺失，导致了水蛭在吸食血液后消化十分缓慢，所以有一些水蛭在取食后可以几天甚至数月不再吸血，也不会饿死。部分水蛭如日本医蛭，它可以在一年半左右的时间里不取食，也不会饿死。

水蛭后面的肠子就是一节非常短的直肠，直肠连接着肛门，肛门是水蛭排泄物排放到体外的通道，肛门的具体位置是在后吸盘前背面。

水蛭的排泄器官是比较特殊的，通常也称为后肾。水蛭的后肾在身体的中部比较膨大的地方，每节有 1 对肾管，因此水蛭的后肾是由 17 对肾管共同构成的。每对肾管中都有细胞内管，末端连接到起源于外胚层的肾孔，肾管中的尿液通过肾孔排出体外，这就完成了它的排泄任务。

水蛭的排泄系统看起来并不起眼，但是它对维持身体的水分及盐分平衡有着非常重要的作用。尤其是在干燥的环境中，即使表皮分泌大量的黏液，水蛭也会通过排泄系统将体内的水分源源不断地排出体外，从而造成体内水分的丧失。而一旦遇到适宜的条件时，水蛭再次通过排泄系统的作用，可以慢慢吸取水分，来维持体内水分的平衡，从而维持生命。例如，日本医蛭在相对湿度 80%、温度 23℃的条件下，在干燥环境中单独放置，经 4～5 天体内水分就会迅

速丧失 80% 左右，仅仅维持在原来的 20% 左右，而水蛭本身也会处于极度虚弱的状态，处于濒死的边缘，这时一旦将它放回水中，经过 3h 后，水蛭体内的水分又会慢慢地达到原来的状态，而水蛭又可复活过来。

六 神经系统

和同为环节动物的蚯蚓非常相似，水蛭的神经系统也是一种链状的神经系统。水蛭的脑在第 6 体节的部位，由 6 个神经节共同愈合形成。其后就是水蛭的躯干部，在这个位置它有 21 个神经节，其中包含腹吸盘处的神经节（是由 7 个神经节愈合而成的）。从躯干部的每个神经节处都会分出两对侧神经，其中前面的一对支配该体节背面部分，后面的一对支配该体节腹面部分，就这样形成了一个长长的链状结构。链状的神经系统是一种相对比较低级的神经系统，它没有神经元和神经干等高级组成部分，也是水蛭长期生活造成的。

七 感官系统

感官是动物感知外部环境的主要部位，水蛭虽然是低等生物，但是它也需要感知外界环境及其变化，因此它的感官相对来说还是比较发达的。水蛭的上皮层中具有成丛的感觉细胞，具有触觉及化学感觉功能。身体前端 2 ~ 10 个眼中具有感光细胞，表皮中游离的神经末梢具有温觉及触觉功能，能迅速测出水中温度的微弱变化，从而很快找到寄主。水蛭的感官包括两种类型：光感受细胞和感觉性细胞群。

1. 光感受细胞

光感受细胞主要是感受光线的方向和强度大小，从而能迅速地对光线做出判断，这种感官与高等动物复杂多变的眼结构相比，要简单得多。它主要集中在水蛭身体的前端背面，通常是 2 ~ 10 个眼点组成，这些眼点也是非常简单的，仅由一些特化的表皮细胞、感光细胞、视细胞、色素细胞和视神经共同组成一个眼点，视觉能力非常弱，感知能力也比较弱。因此，在自然界中水蛭是喜暗避光的，白天常躲在泥土和水浮物中、石块下、植物间或其他可以隐蔽的场所，夜间活动频繁，这是与它不发达的感官相适应的。

2. 感觉性细胞群

感觉性细胞群也称为感受器，它是一种相对高级的感知器官，也是水蛭在生活过程中感知外界环境的最主要器官。这种感觉性细胞群有很多，全部分布在水蛭的体表上，尤其是在头端和每一体节的中环处分布较多，它是由表皮细胞特化而成，下端与感觉神经末梢相接触，通过神经末梢的反应将相关信息传送到相应组织中来达到感知的目的。

按照感知功能的不同，水蛭的感受器可分为物理感受器和化学感受器两类。物理感受器又叫触觉感受器，主要感觉水体中一些物理性状的存在与变化，例如，水温的高低变化、水底压力的大小和水体中水流的方向变化等。人们把脚伸进水体后造成水流的波动，水蛭能在十来米外的距离就能迅速做出反应，找到水波的中心位置并迅速接近目标，这就是为什么人们的脚伸进水中时间不长就会有水蛭来吸血了。而化学感受器主要感受水中化学物质的变化和水蛭对食物的反应等，例如，水体中酸碱度的变化、水体中药物成分的变化、投饵后水体中血液浓度的变化等。通过感受器的工作，水蛭能迅速做出判断，尤其是通过化学感受器的工作，它能对水体中的微量变化具有非常敏锐的感知能力，尤其是在投喂血腥味很浓的食物时，水蛭能迅速做出判断并快速前来取食。

八 生殖系统

水蛭是低等的动物，在生殖系统上表现得尤为明显，它是雌雄同体动物，也就是人们通常所说的“阴阳体”，在同一个水蛭个体上既有雄性生殖器官又有雌性生殖器官，两者是并存的。

但是水蛭是异体受精的动物，也就是说对于一条水蛭来说，它可能是妈妈，接受另一条水蛭的求爱而产卵，但对于另外一条水蛭来说，它又充当了爸爸的角色，让另外的水蛭受精产卵。为了错开不同的交配时机，水蛭的雌雄生殖器官的成熟并不是同步的，雄性部分先成熟，对异体进行交配受精后，雌性部分再迅速成熟。

水蛭雄性生殖器官由阴茎囊、前列腺、贮精囊、输精管、射精球、射精管、精巢囊等组成，其中精巢是水蛭雄性生殖器官的显著标志，呈球形，不同的水蛭精巢的位置有一点差别。以日本医蛭为

例来说明，它的位置基本上是从身体的第12或第13节开始，按节排列，每节一对，共有4～11对。精巢并不是完全独立的，每个精巢都会通过输精小管最后连接到输精管中，输精管在身体的两侧纵行排列，最后在第一对精巢的前方汇集，各自盘曲成一个贮精囊，水蛭的精子就暂时储存在这儿，等待时机。有几对精巢就会有几个贮精囊，每个贮精囊与各自的射精管是相连的，多对射精管最后在水蛭身体中部汇合成一个精管膨腔或称前列腺腔，经雄孔开口于体外，这就是水蛭的阴茎。当它在性成熟后，遇到雌性生殖器官时，通过阴茎不定期完成交配行为。

水蛭雌性生殖器官由阴道囊、蛋白腺、输卵管、卵巢囊等组成，卵巢是雌性生殖器官的标志，它也是一种球形结构，卵巢包在卵巢囊中，通常有1对，位于精巢之前。卵巢里面有一条输卵管与外界相通，输卵管到达体表处就形成了特有的阴道，在雌孔开口于体外。

水蛭的繁殖速度很快，繁殖能力也很强，在经过异体受精后，由生殖带分泌物形成卵茧，受精卵直接在卵茧内发育。4月下旬至10月为产卵期，每条水蛭一次产出卵茧4个左右，每个卵茧孵出幼蛭10～25条。在饵料丰富、饲养密度适合、水质环境较好的情况下，到9～10月就可以长成成蛭。

第三章
水蛭的运动行为与生活习性

第一节 水蛭的运动行为

水蛭看起来很特殊，在受到某些刺激或惊吓时会收缩成一团，沉入水中或跌伏土中，在逃跑时会将身体拉伸成一条细细的线状，有时又能将身体弯成一个圆弧形，而它本身既没有爬行动物那样的足，也没有鱼类的尾部，它是如何完成行动的呢？其实任何动物都有它特有的运动方式，水蛭也不例外，它是靠体壁的伸缩和前后吸盘的配合而实现运动的。水蛭的运动一般可分为 3 种形式，即游泳、尺蠖运动和蠕动。

一 游泳

水蛭善于游泳，这是在水里生活的水蛭在水中所采用的主要运动形式。在游泳时，水蛭的背腹肌开始收缩，与此同时，环肌进行放松，这时的水蛭身体平铺伸展开，就像一根菠菜叶漂浮在水面上，通过肌肉有规律地收缩和舒展，来推动身体不断向前方运动，这种运动方式也是呈波浪式的（彩图 3-1）。

二 尺蠖运动

顾名思义，尺蠖运动就是说水蛭的运动方式像尺蠖一样，这是水蛭在离开水后到陆地上或者是在植物体上的运动方式，依靠前后吸盘的交替附着及身体的纵肌与环肌的拮抗性收缩作尺蠖式移行，行动敏捷（彩图 3-2）。水蛭的尺蠖运动非常标准，一般可分为四个步骤，第一步就是先用它的前吸盘牢牢固定在目标物上，这时后吸

盘慢慢地松开；第二步就是松开后的后吸盘离开目标物，用力将身体向背方慢慢弓起，并用力向前方伸展；第三步水蛭的后吸盘到达前方后，牢牢地固定在目标物上，此时前吸盘再慢慢地松开；第四步就是松开后的前吸盘在肌肉的作用下，往回收缩，直到后吸盘的附近，再固定在目标物体上，此时后吸盘又慢慢地松开，重复第一步的动作。如此交替吸附前进，就完成了它的运动（图 3-1）。

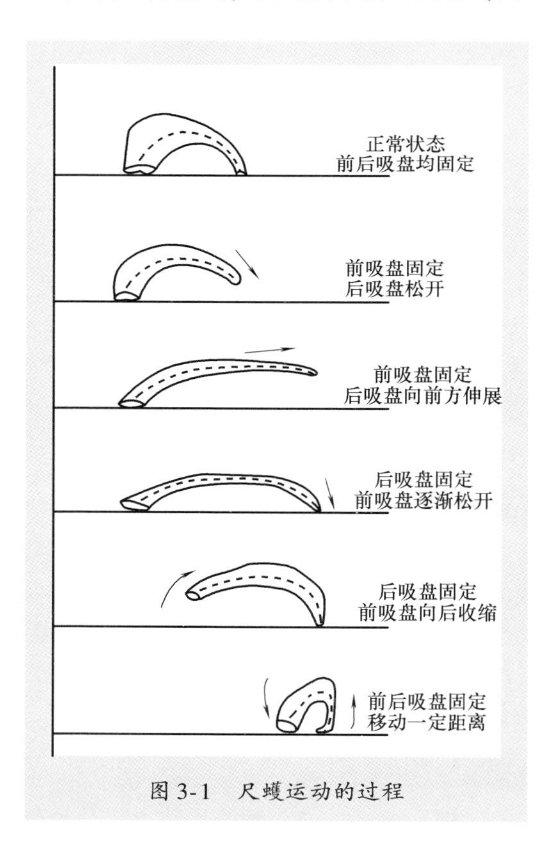

图 3-1　尺蠖运动的过程

三 蠕动

猛一看，水蛭就是一条蠕虫，因此蠕动也是它的主要运动方式之一，和尺蠖运动一样，蠕动也是水蛭离开水时在岸上或植物体上爬行的形式。在蠕动时，水蛭会让自己的身体平铺在目标物体上，这时先用前吸盘固定在目标物上，慢慢地将后吸盘松开，身体沿着水平面向前方慢慢地蠕动，将前后吸盘间的距离慢慢地缩短，接着它会将后吸盘固定在目标物上，而将前吸盘松开，身体再次沿着平面向前方伸展，慢慢地蠕动。

第二节　水蛭的生活习性

要想养殖好水蛭，必须先了解水蛭，主要是了解和掌握水蛭的生活环境和生活习性，然后在养殖过程中尽可能地满足它的各种需要，对不合适的地方加以改进。

一　水蛭的生活环境

对于水蛭来说，绝大多数的品种是长期生活在淡水中的，据研究表明，极少数品种可以生活在海水中，也有极个别品种的水蛭可生活在陆地上。还有一些蛭类可营水、陆两栖生活，它们既可以在水中生活，也可以在陆地上生活，比如一些水蛭在繁殖时就需要将卵产在含水量为40%左右的土壤中，这一段时间它可以较长时间地生活在离水边不远处的陆地上。还有极少数蛭类可在陆地潮湿的丛林中生活，如山蛭等，这在大山中尤其是植被丰富的山林中更是常见，它们通常被本地山民称为“毒虫”之一。几乎所有的水蛭在离开水后可以暂时存活一段时间，这可能与它们长期对环境的适应能力有关。

在农村插秧时，经常可见农妇的小腿上爬了好几条水蛭，这就说明水稻田是水蛭特别喜爱的环境之一。水蛭在全国大部分地区的湖泊、池塘以及水田中均有生产，但主要产于北纬32°~38°之间，这个范围最适合水蛭的生长。如太湖、洪泽湖、高邮湖、微山湖，特别是淮河以南大江大湖流域分布很广。人们通常能见到水蛭的地方一般是在水流缓慢的河沟、水库、池塘、湖泊、塘坝、稻田、沼泽、湖畔、山间流水沟及小溪等地，其中水草或藻类较丰富、石块较多、池底及池岸较坚硬的水域，水蛭相对较多，因为这些地方有温暖湿润的水草、藻类也比较丰富，既有利于蛭类吸盘的固着、运

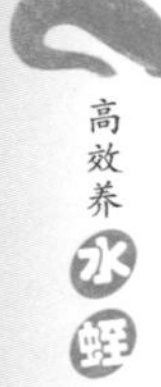

动和取食，同时又有利于蛭类的隐蔽和栖息。水蛭有时也爬上潮湿的岸边活动，岸边土壤潮湿、草丛丰富将有利于水蛭栖息和交配繁殖。

蛭类中大多数种类营半寄生生活，有些品种幼时捕食，成年后吸血生活。蛭类生活的寄主往往是一类动物，而不是一种动物。如医蛭类水蛭对所有脊椎动物的血液都喜吸食。在陆地上，依靠前后吸盘的交替附着身体的纵肌与环肌的拮抗性收缩作尺蠖式移行，行动敏捷。幼蛭摄食浮游生物，不吸血时以小型昆虫、蠕虫、螺蚌的幼体为饵料，也吸食泥面腐殖质，食性较杂。水蛭吸取人畜血液时，吸盘中首先释放出抗凝血的水质素，顺利吸食寄主血液。

水蛭适应环境的能力很强，耐饥能力强，具有极强的抗病力，在一定的温度条件下，它的生存能力也非常强。有研究表明，在原来有水的地方有水蛭生活过，一旦这里的水临时性干涸，这时水蛭可潜入水底而穴居，在潜居时间过长而没有得到食物和水分供应的条件下，水蛭会消耗自身体内储存的能量来维持生命，甚至在自身体重失去40%的情况下也能生存。这种生活习性对人们养殖水蛭来说既有优点也有缺点，优点是养殖过程中由于水蛭的生命力顽强，即使遇到不良环境或环境突变时，它们的死亡率相对比较低，对于养殖户来说可以减少损失；缺点就是水蛭会潜居在泥底下，对于捕捞来说是非常困难的，可能会增加养殖成本。

【提示】 了解水蛭的生活环境，在养殖时就可以根据这些要求来模拟它的生活环境，从而取得最佳的养殖效果。

二 水蛭对水体的要求

1. 温度

作为低等动物，水蛭属冷血软体动物，受外界环境的影响是非常明显的，尤其是温度的影响将会直接关系到水蛭的生存，所以说温度是影响水蛭活动的重要因素。水蛭的生长适温为15～30℃，在秋末冬初，当气温低于10℃时停止摄食，蛭类开始进入水边较松软的土壤中越冬，在不同的地区潜伏的深度不同，在北方的潜伏深度可达 15～25cm，而在长江流域的潜伏深度为 7～15cm，进入蛰伏冬眠状态，不食不动，生存能力强。第二年 3～4 月后，当地温稳定超过 14℃时，水蛭开始出土活动，而当温度达到 35℃以上时，也会影响水蛭的生长发育。水温是影响水蛭繁殖的重要环节，通常在不到 11℃的水体里水蛭不能繁殖，4 月下旬至 10 月均为其产卵期，水蛭交配需要温度在 15℃，卵茧的孵化温度在 20℃左右，温暖的水流可以促使水蛭卵茧的孵化进程。如把它放在 43℃热水里，它就要离水外逃，水温升至 45. 5℃时，水蛭沉底蜷曲，48℃时死亡，放回清水里也不会再活。

2. 酸碱度

虽然水蛭对水的酸碱度（pH）的适应性比较广，但是它对环境中的酸碱度也有一定的偏好。在过酸性水域，时间一长，由于有机物的严重污染或腐殖质的腐败所产生的毒性物质，水蛭极度不适应，它就会慢慢死亡；而其最喜欢的环境是中性或稍偏碱性的水域，这种条件下生长的水蛭生长快、个体大、体格健壮。因此，在发展人工养殖时，一定要注意调节水质，确保水域环境处于中性略偏碱的状态中。当发现水质过肥或腐败物质较多时，要及时测定酸碱度，及时采取相应的补救措施，最好的办法是定期向养殖池中泼洒经稀释后的生石灰浆，当然通过部分换池水也可以起到缓解的效果。

3. 盐度

前面已经说过，水蛭既可以在陆地上生活，也可以在水体中生活，既可以在淡水中生活，也可以在海水中生活，因此，可以将在水体中生活的水蛭分为淡水种类和海水种类，而通常用于养殖的品种几乎都是淡水品种。长期在淡水中生活的水蛭，要求水体的含盐量不得超过 1%，它们平时生活的环境就是含盐量较低的淡水湖泊、沟渠、河流和水田，因此在养殖过程中不要刻意提高水体的含盐量，也不要在饲喂的饲料如血粉中加盐，否则对水蛭的生长极为不利，容易导致蛭体内失水而死亡。

对于那些在海水中生活或在海水、淡水交汇处生活的水蛭来说，它们对盐的需求量就要高一点，本身的耐盐能力很强，可在含盐量

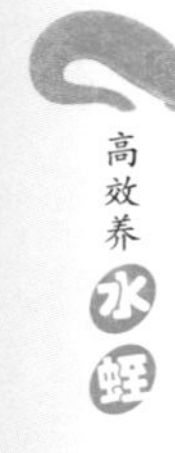

高达6% ~7%的海水中生存。

4. 水深

水蛭不喜欢在水较深、底部淤泥较多的环境中生活，因为这样的环境既不利于水蛭吸盘的固着，又不利于它的栖息。在水蛭的生活和繁殖季节，平时总是喜欢在沿岸和浅水流域活动，尤其是在沿岸一带的浅水水生植物上或岸边的潮湿土壤或草丛中。它们往往会扎堆生活在一起，因为一方面这些地方一般都是富含营养物质的地区，也是其他一些动物如螺、蚌、蜗牛等喜欢到达的地方，因此水蛭所需要的营养物质比较丰富，它的食物来源广泛。另一方面，这些地方也便于水蛭固着身体和防御，再者，水蛭也喜欢在潮湿、泥土较多的岸边繁殖。

因此，在人工养殖水蛭时就要注意在开挖养殖池时，水深不宜太深，只要适合就可以了（图3-2）。

图3-2 水蛭池的深度

5. 水的含氧量

水蛭对水体中溶解氧的反应有两个，一是它能忍受水体中长时间缺氧的环境，大多数水蛭能长时间忍受缺氧环境，在氧气完全耗尽的情况下，可存活2~3天；二是对水中缺氧又十分敏感。

研究表明，水蛭之所以能长时间忍受水体中的低氧环境，与它的生理特点密切相关。当生活环境缺氧时，它体内的共生菌可进行厌氧呼吸，也就是水蛭体内的假单胞杆菌可以通过发酵分解水蛭体内储存的血液等营养成分，释放出氧气供水蛭进行新陈代谢，在短时间内维持自己的生命。即使在氧气完全耗尽的情况下，水蛭一般还可存活2～3天。

水蛭对水体中溶解氧的多少也是非常敏感的，许多人就利用水蛭这种习性来预报天气的变化。例如，在下雨前，或在气候闷热时，由于空气中的气压低、湿度大，水中的溶氧量降低，水蛭呼吸十分困难，所以在水中焦躁不安，上下翻滚，并向水面或岸边转移，预示暴风雨就要来临。天气晴好时，水蛭会很安详地待在水边的浅水处。

在人工养殖时，只要保证水体中的溶解氧在0.7mg/L以上时，就能满足它的生活要求，如果溶解氧进一步降低，虽然不会导致水蛭的大面积死亡，但是对它的生长发育尤其是性腺的发育会造成极大的伤害。因此，在养殖过程中要经常添加新鲜的水流。

6. 对药物毒性的敏感性

自然界中的水蛭对环境、水质要求不高，只要一般的水体就能生长发育。但是随着工业化生产的快速发展以及周围环境长期受到化肥、农药残毒的污染，水蛭赖以生存的水体如江河、湖泊、稻田等都不同程度地受到工业废水、生活污水和垃圾的污染，环境污染日趋严重，导致野生的水蛭和其他水生动物一样，数量急剧下降。就是在人工养殖时，如果一不小心引进了被污染的水源，也会给养殖带来毁灭性打击，因此在人工养殖水蛭时，要注意两点，一是选择无污染、无化肥、无农药残留的水域，以提高水蛭的药用质量和食用质量；二是避开附近的污染源，不能在上游有化工厂的地方建设养殖池，在引进水源时要先化验，否则会使养殖的水蛭因水质不适而外逃或造成大量死亡，给养殖户带来不应有的损失。

7. 食性

水蛭是杂食性动物，以吸食动物的血液或体液为主要生活方式，常以水中浮游生物、昆虫、软体动物为主饵，有时也吸食水面或岸边的腐殖质。在人工养殖条件下，水蛭以各种动物内脏、熟蛋黄、配合饲料、植物残渣，淡水螺贝类、杂鱼类、蚯蚓、水生昆虫、水

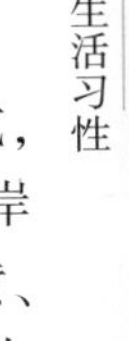

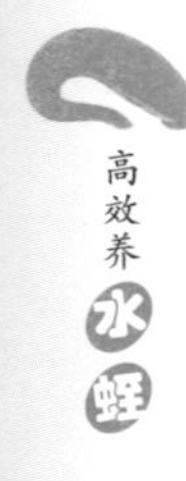

蚤等作饵。因此，在养殖过程中要因地制宜地选喂合适的食物，从而降低养殖成本。

三 水蛭对外部环境的要求

1. 水蛭对光的要求

水蛭体内拥有光感受细胞，它们对光的反应比较敏感，呈现出负趋光性，就是对光有躲避的本能，尤其是在强光照射时，更是敏感。人们平常看到的水蛭基本上是属于昼伏夜出习性的，也就是它们在白天一般都是躲在石块间、草丛下、疏松的土壤等阴暗处，只有遇到食物才迅速出来取食，然后又躲藏在阴暗处（图 3-3）。而在夜间或在光线较暗时，它们就会出来游泳、活动或觅食，才显示出它们活泼的一面（彩图 3-3）。

图 3-3　人工为水蛭设置的避光“楼房”

值得注意的是，水蛭对强光具有避让的特性，并不是说它的生长发育不需要光，如果将它们处在完全没有光的环境中，水蛭也是不适应的，它会表现出生长缓慢甚至出现不繁殖的现象，时间一长还会出现死亡的现象。

在人工养殖水蛭的过程中，也要注意水蛭的这个特性，要尽量避免强光直接照射，在盛夏季节光照非常强烈的情况下，要对养殖池进行遮阳处理，营造出适当的暗光环境，使水蛭能健康地发育生长。

2. 水蛭对水流的要求

水蛭不但对光的强度有要求，对水流也有一定的要求。在养殖过程中，会发现如果用投饵的工具或手指或随手拿到的棍棒等在养殖池水中轻轻划拨一下水面，很快就会造成大量水蛭前来集群，如果划动水体的速度越快，游来的水蛭就越多。这是因为水蛭对水流的感应能力非常强，它那些布满体表上的触觉感受器对水流大小的反应非常敏感，而且还能准确地确定波动中心的位置，并迅速地逆流游去。根据水蛭的这一逆流的特性，在人工养殖时，可以设置专门的投料台，而且在投料台附近设置有水响的装置，如打开增氧机、人工搅动水体等，这样可招来水蛭觅食，提高饵料的利用率。

3. 水蛭对土壤的要求

水蛭有时也需要在岸边生活，尤其是它在繁殖时需要将卵产在水边的潮湿土壤中，因此在养殖水蛭时，要注意对养殖池周边的土壤进行科学管理，重点是对土壤湿度的控制，从而为水蛭的繁殖创造一个良好的生存空间。

根据研究表明，水蛭产出的卵茧最适宜的土壤条件是含水量在30%～40%的不干不湿的土壤，这种湿度的土壤透气性非常良好，有助于卵茧的发育，而且湿度非常适宜卵茧的正常发育。如果土壤过干，土壤的含水量低于30%时，尤其是当含水量低于20%时，容易导致水蛭的卵茧失去水分，不利于卵茧的继续孵化；而当土壤过湿，尤其是当土壤的含水量高于50%时，由于湿重的影响，土壤会板结成泥，从而造成透气性能很差，当然也就不能满足卵茧孵化时的氧气需求。

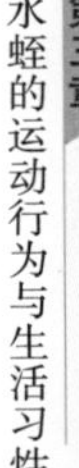

第四章 水蛭的引种

第一节 引种的意义

近几年来，药市上水蛭价格连年攀升，社会上水蛭养殖业悄然兴起。业内人士分析，水蛭价格一路高歌，主要与以下因素有关：一是水蛭作为一种药用动物，广泛用于心脑血管疾病和肿瘤的治疗，需求量不断增加，供需缺口进一步增大；二是近些年由于环境污染，农药的大量使用使野生资源锐减。因此养殖水蛭就被一些有头脑的人率先开发出来，当然，养殖就需要种苗，而普通的种苗要么是没有经过驯化，要么是生长速度过慢，要么是长不大，所以，就需要引进一些优质的苗种。

引种就是引进良种，所谓的良种，就是在一定地区和养殖条件下，在当地经两年以上正规示范养殖，养殖效果表现明显优于其他品种，同时也符合生产发展要求，具有较高经济价值的水蛭品种。水蛭的良种一般都具有以下几个明显的优点：高产性、稳产性、优质性、抗逆性强和广适性。

选择一个好的良种，对于水蛭养殖户来说是有非常重要的意义的：一是良种能有效地提高养殖场的单位面积产量，使用生产潜力高的良种，可以增产 15% ~20%；二是能有效地改进水蛭的品质，对于提高经济效益是非常有帮助的；三是良种一般都是经过多次筛选的好品种，它们对常发的病虫害和不良环境都具有较强的抵抗能力或耐性，可以保持单位面积的产量稳定和商品水蛭的品质稳定；四是良种具有较强的适应性，它能适应池塘、河沟、沼泽地、湖泊、水泥池等各种养殖水域，这对发展水蛭养殖业、提高水蛭的产量、提高养殖场的经济效益和增加农民收益才是有意义的；五是良种对健壮苗种有很大的促进作用，俗话说“虎父无弱子”，良种是壮苗的基础，壮苗是良种的一种外在的、具体的表现形式。没有良种就不可能有壮苗，没有壮苗，也就无法提高单位面积的产量和养殖效益。

第二节　水蛭引种的阶段

水蛭的引种是分阶段的，不同阶段引进的蛭种质量是有一定差别的，具体表现在养殖过程中的成活率也是有差别的，因此必须要了解水蛭引种的不同阶段以及它们的特点。

一　种蛭

种蛭（彩图4-1）也就是人们通常所说的亲蛭，就是说水蛭在引进回来后就可以直接产卵，或者经过简单的强化培育后，种蛭可以交配、产卵。这时候引种是比较好的，水蛭的个体也比较大，一般要求体重20g/条以上，背部纵纹清晰，呈有淡黄颜色，而且要求种蛭个体大、健壮无伤、有活力。这种水蛭产卵多，孵化率高，早春放养，6月即可长成供加工出售。这是目前引种最常用的阶段，当然每条亲蛭的价格也是最高的。

二　卵茧

卵茧（彩图4-2）也就是水蛭经过交配后产出的卵。卵茧保存时间相对较长，引种时的价格也是最低的，但是它在孵化过程中可能造成一定的损失。在引进卵茧时，要注意查看，要求每个卵茧的外表是很光滑的，卵茧的形状不能有残缺现象，也不能有被其他敌害啃咬过的现象，同时要用手将卵茧轻轻捏住，放在光线下仔细看看，如果看到卵茧内奶白色小块（即乳液）基本已经干燥了，那就说明是好的卵茧，每市斤（500g）约400个茧为标准。

三　幼苗

幼苗（彩图4-3）就是从水蛭的卵茧中孵化出来的蛭苗，由于水蛭的幼苗体小纤弱，喜欢游泳生活，爱集群、顶风逆流，食饵范围

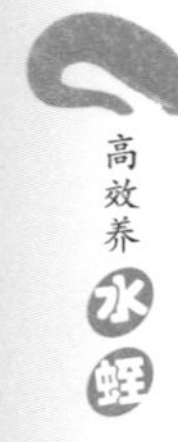

较狭窄，取食能力低，对环境改变的适应和抵御敌害的能力差。在水蛭的整个发育史上，幼苗阶段是水蛭生活史上的薄弱环节，往往会在这一时期内大量死亡，在目前水蛭自然资源日益枯竭的情况下，这无疑对生产非常不利。

为了能有效利用水蛭的苗种资源，提高幼蛭的成活率，建议先将刚孵出的蛭苗培养20天左右再进行分池或出售。这时的幼蛭喜在阴暗处生活，对光线有一定的回避性，白天极少活动，傍晚开始觅食，已经有了一定的生活能力、活动能力及防御敌害的能力，这种经过培育后的幼苗的成活率将会大大提高。

在生产实践中，发现有不少养殖户由于购买幼苗不当，造成严重的经济损失，因此在购买蛭苗时，必须注意以下几点：

一是查询蛭苗孵化的时间、幼苗饵料投喂情况、水温状况及池内蛭苗的密度等情况。如果有条件的话，最好能问问亲本的规格及养殖规模，这对判断幼苗的质量也是有帮助的。

二是在引进时要仔细观察幼苗的颜色，以深紫红颜色为成熟型幼苗。同时要观察培育池内的蛭苗的活动情况及趋光性的敏锐度等。

三是检查蛭苗的活力。就是随机选择一些幼蛭，将它们放在装有一半水的脸盆里，先观察水蛭在脸盆里的活动情况，然后再用筷子轻轻地触碰一下水蛭，如果发现水蛭立即受惊缩成一团，有时还能看到尾尖在轻轻地扇动，那么这种幼蛭的质量就非常好（彩图4-4）。

四是通过室内干法或湿法模拟实验来判断蛭苗的质量。干法模拟实验是随机捞取池内的蛭苗50尾，用湿纱布包起来或撒在盛有潮湿棕榈片的玻璃容器内，放在室内阴凉处，经12h后检查，若85%以上的水蛭幼苗都很活跃，爬行迅速，说明质量较好，可以选购；湿法模拟实验是取50尾水蛭幼苗放在小面盆或小桶内，加水至容器的1/3处，观察15h，若成活率在90%以上，说明蛭苗质量较好。

四 最佳引种时机

许多养殖户由于缺乏必要的养殖知识和经验，随意引种，不择时机，蒙受了无谓的损失。按一般的说法，总是建议在早春时引种，更有甚者，宣称全年随时均可引种，误导了许多水蛭养殖者的操作。

根据业内一些专家学者的研究实践表明，秋季才是引种的最佳时机。

大家都知道水蛭必须要蛰伏冬眠，这是变温动物所必须遵循的客观规律，而水蛭在早春出土的时间，各地并不是非常确切，而且春寒料峭，每年春季的气温常常变化莫测，如果在这时候引种，一是可能对水蛭造成伤害，二是由于此时的种蛭是否已交配完毕乃至产过茧，引种者并不了解。

还有一个更重要的原因就是早春刚出蛰的水蛭，本身应激反应较强，经过冬眠的体力消耗后，它的体质欠佳，抵抗力非常弱，如果刚刚被引进到新的环境后，水土不服现象时有发生，不同程度地影响了成活率及产茧量。

而在秋季引种则克服了以上早春引种时的弊端，同时运输时间可灵活掌握，选择雨天或气温在25℃左右时较好，种蛭下水后成活率可在98%以上，更让引种户放心的是，所引的种蛭，经过充分适应新环境并顺利保种越冬后，第二年春天每一条均可交配产茧，切实保证了养殖水蛭有一个良好的开端。

【提示】 不同时间引种，可能会产生不同的结果，因此选择好合适的引种时间也是非常重要的。

第三节　水蛭引种的方法

当你决定要进行水蛭养殖时，选购优良的水蛭苗种是必需的，如何选择好良种呢？这里有一些引种的方法供参考。

一　人工引种

人工引种是目前水蛭引种的最主要手段，也是最成功的手段。这种引种的方式就是从那些已经饲养成功的养殖户或养殖场购买水蛭苗种的一种方法，由于别人已经养殖成功了，而且是自己繁育的苗种，因此质量上应该是得到保证的。

在人工引种时要注意以下几个技巧：

一是在人工引种时，一定要慎重选择品种，要严格挑选符合中药材标准的种类进行饲养，减少盲目性和不必要的经济损失。目前，

饲养最广泛的是日本医蛭、宽体金线蛭和茶色蛭，其他的水蛭品种暂时不要涉足。

【警告】>>>>

尤其是对经营者强力推荐的品种要引起注意，对那些打折降价促销和限量销售的水蛭品种尽量不要购买。

二是多向科技人员请教，最好从就近单位选择优良品种。在选购水蛭苗种过程中，遇到“快发财、发大财”的信息时，要保持清醒的头脑，冷静分析，切莫轻信他人的一面之词，应到相关职能部门深入了解，把心中的疑问尤其是种苗的来源、成品的销售、养殖关键技术等问题向科技人员请教，征求他们的意见，取得指导和帮助，特别注意要对信息中的那些夸大数字进行科学甄别。然后根据科技人员的意见，做出正确的规划方案，切实可行再引种不迟，减少不必要的损失。

三是不管选择用哪一种水蛭进行饲养，都一定要亲自到原饲养场进行调查分析，这种对水蛭种源亲历亲为的调查是有好处的。俗话说“耳听为虚，眼见为实”，一定要自己亲眼看到别人饲养场内的水蛭养殖情况，在调查时着重注意别人的养殖场是如何建设的，并与自己已建好的饲养场进行对比；别人的防逃设施是如何做的，自己做的是不是更好，还是需要进一步改进；别人的管理重点是什么，别人的饲料有哪些等问题，然后得出是否适合自己饲养的结论。

四是在个体选择上应保证质量过关，一定要注意苗种的鉴别，防止以次充好、以假乱真。如果一次性引种数量只有几千尾时，最好尾尾都要过目，认真查看，不要放松警惕，注意选择活泼健壮、体躯饱满、体表光滑、光泽度很强且体表有弹性的个体。

【提示】 健康的苗种能保证成活率高，抗病虫害能力强，而且繁殖力也旺盛。

五是在人工引种时要加强维权意识。在购买水蛭种苗时，选择供种单位应谨慎行事，一定要到证照齐全、有一定规模、信誉比较好、有苗种生产经营许可证的熟悉的单位引种。对于一些大企业设立的分公司、代销处，要注意了解、查看销售单位的“经营许可证”或复印件、委托书等。同时向供种单位索要并保留各种原始材料，如宣传材料、发票、相关证书及其他相关说明，并核对发票的印章与经营单位的名称是否一致。一旦发现上当受骗，要立即向相关部门举报，积极维权。

【提示】 现在人们的维权意识越来越强了，为了整个行业的健康发展，一定要勇于同这种坑农害农的行为做斗争。

二 野外采集

野外采集就是养殖户利用野外自然资源的优势，利用一定的工具在野外进行水蛭苗种的采集，采集好后，再统一集中饲养。

1. 寻找合适的采集环境

要想在野外采集到充足且质量较好的水蛭种苗，就一定先要寻找适合的采集环境，这是因为任何一种动物或植物都有自己特定的生活环境。这种特定的生活环境能满足它生长发育所需的光照、湿度、温度、气候甚至水文条件，如果离开这种适宜生存的环境条件，或者说在很短的时间内这种适宜环境骤然发生变化，就会造成动物或植物的极度不适应而出现大量死亡，甚至灭绝。水蛭也是如此，在野外，也有它最适宜的环境条件，这也是经过长期的演化遗传和适应才固定下来的。因此在采集水蛭前，一定要先了解它的生活环境，掌握水蛭的生活习性。根据研究和经验，适宜采集水蛭的环境场所就是野外水蛭经常出没的地方，例如，有一点微小且不间断的水流、岸边有潮湿的地方、水里有石块且水位较浅的地方等都是可以进行采集的好地方（彩图 4-5）。

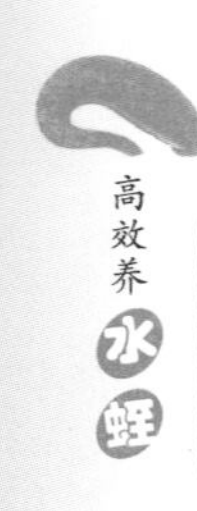

【提示】 最合适的采集环境就是最适合水蛭自然生长的环境，因此，只要找到水蛭适宜的生长区域就一定能采集到足够的自然资源。

2. 采集的时间

人们做任何事情时，都想用最少的精力、最短的时间去获得最大的成效，在野外采集水蛭时也是这样的。为了在最短的时间内采集到尽可能多的水蛭，要根据水蛭在野外生存的特点，掌握科学的采集时间。采集水蛭最适宜的时间段有两个，一个是在6：00～8：00，另一个是在17：00～19：00，这是因为这两个时间段是水蛭的活动高峰期，而且温度也不是太高，如果在正午采集，水蛭会躲避强烈的光照，钻在泥土中，不方便寻找，即使采集到少量的水蛭，也会因为温度太高而快速死亡。也有不少养殖户认为水蛭是昼伏夜出的动物，可以在晚上进行采集，这种思路是对的，但实际操作起来很困难，一是晚上采集不安全，会有蛇、虫等侵袭；二是晚上水蛭确实是活动了，但寻找它们更不容易，在月光或手电的映照下，它的体色和环境非常相似，人们难以发现。

【小贴士】就采集的适宜天气来说，最好选择在阴雨天即将来临时采集，这时的野外水蛭会大量出动，而且在水中上下翻滚，非常好捕捉。

3. 采集的方法

在野外采集水蛭的方法也有好几种，一般可采用人工直接采集与食物引诱采集两种方法，在具体应用时要随机应变。

第一种方法是人工直接采集，也就是在选择好了水蛭适宜生长的区域后，当确定有水蛭生存或活动时，就可以用小木锹轻轻挖开泥土（潮湿的岸边或浅水处都可以），发现水蛭后，把它们轻轻取出并用水稍微洗一洗，直接放在容器中就可以了。适宜水蛭栖息的地方就是采集的好地方（图4-1）。

图 4-1　适宜水蛭栖息的地方

【警告】>>>>

用这种方式采集水蛭时，劳动强度比较大，有时也会弄伤蛭体，而且劳动效率非常低，一般不建议使用这种方法。

第二种方法就是用食物进行引诱，这是一种节省人力及时间的采集水蛭的方法，也是目前使用最广泛、效果最好的一种方法。引诱采集的食物通常可用牲畜的干骨头再沾上鲜猪血就可以了，也可以用软体动物（如剖好的河蚌）的身躯，这是充分利用了水蛭喜食动物血液的习性。根据水蛭的活动规律，寻找好它们的主要活动场所后，在它的主要活动季节，利用清晨或傍晚时间，把沾好猪血的骨头或河蚌用细绳子拴好，投放到浅水处，为了提高引诱采集的效果，可在投诱饵时故意将水搅动几下，大约半小时后就可以来收取了。在收取时，轻轻拉动绳子，等骨头或河蚌慢慢离开水体后，再用密抄网轻轻地抄住骨头，这时就可以看到大量的水蛭爬到骨头上，最后再把骨头和水蛭分开就可以了。

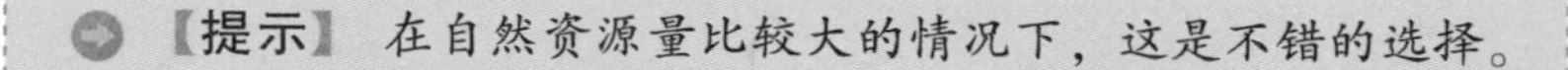

【提示】 在自然资源量比较大的情况下，这是不错的选择。

第三种方法就是采集水蛭的卵茧（图4-2）进行人工孵化，这也是大量获取种源的简单易行的方法之一。根据水蛭的生长发育特点，采集水蛭卵茧的时间最好是在它的繁殖旺盛时期，主要是在每年的4月中下旬至5月中旬，这段时间的卵茧多而且质量好，以后的孵化率也非常高。由于水蛭无论是在水里生活还是在陆地上生活，它们在繁殖产卵时都会在潮湿的陆地上进行，因此采集卵茧的地点是在水沟、河边、湖边等潮湿的泥土中。采集时先要确定水蛭经常活动的范围，然后在陆地上慢慢寻找，如果发现靠近水边的陆地上有1.5cm左右孔径的小洞时，基本上就可以确定有水蛭的卵茧了，这时可沿小洞向内进行挖取。由于水蛭产卵的地方相对比较疏松、潮湿，因此最好不要用铁锹或其他锐器来挖取，建议使用木制或竹制的片状或锹状物来挖取。在挖取时要十分小心，先将洞穴周边的泥土轻轻地挖走，然后慢慢地接近卵茧附近挖，当看到卵茧时，要及时取出，这时就可采集到泡沫状的水蛭卵茧，在取卵茧时不要用力夹取，否则会损伤卵茧内的胚胎。

图4-2　卵茧

采好卵茧后要及时进行孵化，先将采集好的卵茧轻轻放在有一定湿度的容器中带回家，到家后再把它们放到孵化器内。孵化器是自己做的，根据实际需要和家里的条件，可采用普通的塑料盒、盆等容器，规格大小应视采卵量的多少来确定，没有具体要求。先在孵化器内放一层2cm厚的沙泥土，沙泥土的含水量为40%～50%，判断标准就是用手抓一把沙泥土，轻轻握一下拳头，发现手指缝有潮湿的感觉但并没有水分滴下就是正好符合要求的。这时将卵茧放在阳光下看一下，就会发现水蛭的卵茧两端，一端留有小孔，另一端封闭，这时把卵茧有小孔的一端朝上，整齐地排放在孵化器内，要注意最好只排放一层，再在卵茧的表面上盖一层潮湿的纱布或几层纱布，目的是增加孵化器内的湿度，确保满足水蛭孵化的条件。在孵化器的外面用塑料袋包裹严实，防止孵化器内的水分蒸发，这样经过20天左右可自然孵化出幼蛭来。

【提示】 通过采集卵茧进行人工孵化来获得苗种是一种非常好的手段，但是一定要注意孵化时的温度和湿度的控制，尽可能地提高孵化率。

三 扩种与提纯复壮

扩种实际上就是对水蛭进行再生产，即通过交配、产卵、孵化而得到大量的繁殖后代，为以后获得高产打下基础。

只有纯种才能繁育出健壮的后代，只有壮苗才能发挥它的养殖效益，因此无论是从养殖场引进的优良品种，还是自己辛苦在野外采集野生的水蛭作为种源，都要对它们进行提纯复壮、选优去劣，这个过程一般是和扩种同时进行的。由于购买或采集到的大量水蛭（或卵茧），它们的身体健康、个体发育状况、繁殖性能、对环境的适应能力、抵抗疾病的能力不可能完全一样，所以必须通过挑选适应能力比较强、生长快、产卵率高的个体作为亲本，在扩种的过程中加以提纯复壮、选优去劣，用更好更多的优质苗种来进行规模化的生产，才能提高经济效益（彩图4-6）。

四 采集和引种应注意的问题

1. 做好记录

俗话说“好记性不如烂笔头”，因此要养成做记录的好习惯。最好随身携带一本记录本，凡是与采集和引种有关的事项，都要详细记录下来，在从其他养殖场引进苗种时，要详细记录本批苗种的规格、孵化时间及培育时间、饵料投喂情况、对水体的调控方法等，以方便回家后能及时将管理工作衔接到位，这对水蛭的生长发育是

有好处的。如果是在野外采集水蛭，要将采集时间、地点、天气、采集方式、水域及周围环境等都记录下来。如果能长期记录，就能掌握野外水蛭的发生数量和世代发生规律，对于在人工养殖时营造适宜的生活环境是非常有参考价值的。

2. 加强管理，做好蛭体的消毒处理

由于水蛭是活的，在野外采来的水蛭难免会带有各种各样的病菌，即使是从养殖场引种的苗种，也会带有各种病菌，如果不对它们进行科学的消毒处理，直接放在池子里进行养殖，很可能会导致全池的水蛭都发生疾病。尤其是一些传染性疾病更是厉害，稍不注意就可能导致全军覆没，因此需要加强对水蛭的管理工作，在引进或采集来的水蛭入池前要做好蛭体的消毒工作。

首先是用药物进行处理，在引回来的蛭种或采集回来的蛭种入池前，必须对它们进行药物洗浴一次，药浴的目的就是消灭水蛭体表的病原体。适宜的药物有福尔马林、食盐等，例如，用0.5%的福尔马林消毒溶液将水蛭浸洗消毒5min，然后再用洁净的清水冲洗一次就可以了，切不可将从水田、池塘或其他养殖场带回的水一起倒入新建养殖池中。其次是对经药物处理好的水蛭再进行隔离饲养，即使已经对体表进行清洗、消毒、杀菌了，也不能将引进的水蛭立即放入池塘中，要将处理好的水蛭先放入单独的饲养池中，进行隔离饲养并加强观察，一般时间是一周左右。如果发现这批水蛭有异常反应，比如厌食、打蔫、体态变暗、体表光泽褪去、弹性较差、排泄的粪便稀且颜色不正常时，就不能继续饲养了，这时要么进行治疗处理，要么就要重新引种。如果没有发现病态现象，就可以放入正常的饲养池和其他水蛭进行混养了。最后要掌握一个关键，就是对于从野生环境中自捕或购买进来的水蛭作种源，必须经过周期性驯养、培育后，方可用于第二年的人工繁殖。

第四节　引种后的运输

无论是从养殖场引种，还是自己从野外捕捉，都必须要运输回家，如何快速、安全地将水蛭运输回家，这也是有讲究的。

水蛭对环境的适应性很强，是非常适于运输的，这是它的身体特点决定的。它主要是用皮肤来进行呼吸，这就决定了在运输过程中只要保持一定的湿度就可以了。

一 水蛭运输前的准备工作

1. 检查水蛭的体质

在运输前必须对水蛭的体质进行检查，先将需要运输的水蛭暂养1～2天，一方面是观察它们的活性，另一方面可以及时将病、伤的水蛭剔出，及时捞除死亡的水蛭，不宜运输，就不能运输。

2. 检查运输工具

根据运输的距离和水蛭的数量，以及不同水蛭阶段来选择合适的运输工具，在运输前一定要对所选择运输用具进行认真检查，看看是否完备，还需要什么补充的或者是应急用的。常用的装运工具是塑料泡沫箱（图4-3），运载工具为汽车。

图4-3 运输卵茧的塑料泡沫箱

3. 确定运输时间和运输路线

这是在运输前就必须做好的准备工作，尽可能地走通畅的路线，用最短的时间到达目的地。尤其是对于幼蛭运输更为重要，不但要保证到达目的地后的成活率，还要尽可能地保证健康的生活状态，以利于后面的生产活动。

二 蛭苗的运输

由于蛭苗是比较娇弱的，不宜运输时间太长，因此对蛭苗的运输主要是采取干湿法运输，也就是不带水的运输方式。这种运输方

式的优势就是需要的水分少，可少占用运输容器，可以减少运输费用，提高运载能力，还可以防止水蛭受挤压，便于搬运管理，总的存活率可达到95%以上。

第一步先将选择好的泡沫箱清洗干净，然后浸湿，目的是保持蛭苗运输环境里一定的湿度；第二步是将凤眼莲等水草放在泡沫箱内，水草在使用前一定要清洗干净，然后把准备好的蛭苗放到箱内；第三步是把泡沫箱口用透明胶带封好，再在箱盖上打上几个小孔，以保证空气能进入泡沫箱，满足蛭苗的需氧要求，最后在小孔边涂上一层牙膏，目的是防止蛭苗爬出箱外；第四步就是集中打包运输，要注意在叠放时，不能将小孔全挡住，以防空气不流通；第五步就是做好运输途中的保温和保湿，运输途中每隔3~4h要用清水淋一次，以保持蛭苗皮肤具有一定的湿润性，这对保证蛭苗通过皮肤进行正常的呼吸是非常有好处的。在夏季气温较高的时候运输时，可在装蛭苗的容器盖上放置整块机制冰，让其慢慢地自然溶化，冰水缓缓地渗透到泡沫箱上，既能保持蛭苗皮肤湿润，又能起到降温的作用。

【提示】 干湿法运输是蛭苗最好的运输方法，既安全又便捷，还省钱。

三 种蛭的运输

种蛭在运输时，如果距离近、时间短，可以考虑带水运输，也就是在运输时把种蛭放在特定的容器中，再在容器里加上一定的水就可以了，这些容器可以采用木桶、帆布袋、尼龙袋等，水量占容器的1/3~1/2就可以了。

如果距离远、时间稍长，就可以考虑干湿法了，基本方法和蛭苗运输是相同的，只是由于种蛭的活力较强，因此要求泡沫箱的高度以50cm为宜，在箱里也放一点水草，这样可以确保种蛭在箱内能全部散开，不会过度挤压。另外在运输过程中要轻拿轻放，尽量保护种蛭体外保护膜不受损伤，同样也要在箱盖上打几个孔，箱口涂上一层牙膏，以防运输途中种蛭爬行脱逃。

四 卵茧的运输

由于卵茧基本上是处于一种相对安静的状态，因此它的运输就要方便许多，通常是用半干法运输就可以了，就是先将容器如塑料箱、塑料盆等清洗干净，把卵茧放在容器中，轻轻地铺一层。如果数量比较多，可以在已经铺好的卵茧上面覆盖一层潮湿的纱布或水草，再在上面接着摆放一层卵茧，为了防止卵茧被挤压变形，要注意最多只能摆放三层卵茧。运输时可以敞口运输，也可以封闭运输。

第五章 水蛭的繁殖

在人工养殖水蛭时，不可能仅仅局限于从养殖场购买种蛭或蛭苗进行养殖，也不能全指望从野外环境中寻找幼蛭回来养殖，必须要进行苗种的大量繁殖，才能满足饲养的需求。因此，可以这样说，在人工养殖水蛭过程中，科学饲养是养殖的基础，苗种繁殖是扩种的关键，养成成品才是赚钱的终极目的。只有大量地繁育出优良后代，再将这些后代饲养成为商品水蛭，才能提高产量和经济效益。而繁育后代的关键是掌握好科学的繁殖技术，这是决定水蛭养殖产业成败的关键。

第一节　水蛭的发情与交配

水蛭的繁殖因时间、地区、季节及环境的不同而有差异。在长江中下游，4 月起，会有部分水蛭择近水边浅土层进行造穴产卵，5 ~6月是孵化期，在这段时间，需在滩坡处给予安静的环境条件。

一　繁殖池的建造

水蛭繁殖池面积宜在 30m^2 左右，可以建成 5m × 5m 或 6m × 6m 的正方形，也可以建成 5m ×6m 或 4m ×7m 的长方形，池四周靠池壁设 1 ~1. 5m 的平台，中间为水面，水深 50cm，平台高出水面 2cm，平台面保持湿润（彩图 5-1）。做平台的土应为含腐殖质高的疏松沙质土壤，便于水蛭打洞，切忌用黄黏土，齐平台面应设溢水口，防止下雨水淹没平台造成繁殖失败。

二 种蛭的选择

水蛭经过一段时间的养殖后，当它们的体重达到10g左右时，就进入了性成熟阶段，这时就可以用来繁殖了。但是还是建议用于作种繁殖的种蛭年龄应在2年以上，每尾体重30g左克右，体质健壮，活泼好动，用手触之即迅速缩为一团。这样的水蛭怀卵量多，孵化率高（彩图5-2）。种蛭的投放量按池中平台陆地面积计算，一般每平方米放1.5kg左右。种蛭入池后要保持水质肥厚，要有充足的浮游生物和螺蛳供其取食。

【警告】>>>>

"虎父无犬子"，选择好优质的种蛭是繁殖成功的关键。

三 水蛭的发情

和所有的动物一样，水蛭在繁殖前也有一定的表现，这种表现人们称之为发情。首先是水蛭在繁殖期会变得更加活跃，往岸边爬动更加频繁；其次是它的性征表现很明显，雄性生殖器有突出物，像一根小线伸缩在体外活动，周围有黏液湿润，这就是发情的标志。

四 亲蛭的交配

水蛭为雌雄同体、异体交配受精的动物，每条水蛭体内都有雌性生殖器和雄性生殖器，它们相互交配繁殖后代，一般雄性生殖腺先成熟，而雌性生殖腺后成熟。

1. 交配季节

任何一种低级动物的发情和交配都需要一定的温度要求，在自然界中，水蛭的交配时间随温度的变化而有所不同。一般情况下，当地下温度稳定在15℃以上时，水蛭正式开始交配。

2. 交配时间

水蛭的交配时间多在清晨开始，到早上7：00结束，整个交配时间一般持续30min左右。

3. 交配地点

水蛭一般都是在水边土石块和杂草物下面进行交配，这里的土

壤松软，也有一定的湿度，有利于卵茧的孵化。

4. 交配行为

一般水蛭有1个阴茎，当两条发情水蛭相遇一起时，它们的头端方向会相反地连接起来（即一条水蛭的头部和另一条水蛭的尾部连接，另一条水蛭也是如此），即开始进行交配。交配时，两条水蛭的腹面紧贴，头部方向通常相反，各自的雄性器官输入对方的雌性生殖孔，然后雄性伸出的细线形状的阴茎插入对方的雌性生殖孔内。在一般情况下，由于双方的雌、雄孔互对，可以同时互相交换精液。但是，也有单方面输送精液给对方的，称为单交配（彩图5-3）。

【注意】 在人工养殖水蛭时，在水蛭繁殖高峰期要做好管理措施，注意几个要点：一是要提供合适的繁育场所，用水泥池养殖水蛭的，在繁殖时期快到时，一定要将它们转入到土池中；二是在交配高峰期，不要让客人来参观访问，要保持绝对的安静，避免在岸边走动，因为水蛭在交配时非常敏感，在交配时极易受惊扰，稍有惊动，两条交配的水蛭就迅速分开，形成空茧，造成交配失败；三是在交配期间的清晨也不要投喂，更不能造成水体的响声和波动，防止正在交配的水蛭（图5-1）受到惊吓。

图5-1　亲蛭的交配

第二节　水蛭的受精和产出卵茧

一　受精怀孕

当水蛭双方将阴茎互相插入到对方的雌性生殖孔内，直到输出精子并将精子输送到对方的受精囊内以后，整个交配行为就算结束。精子储存在贮精囊中后，这时卵子并不能立刻排出受精，而是在交配后雌性生殖细胞才逐渐成熟，这时储存在贮精囊中的精子才逐渐遇到阴道囊内的卵子而使卵子受精，成为受精卵。

从水蛭的交配、受精到受精卵排出体外，再形成卵茧，这个过程一般要经过近一个月的时间才能完成，这段时间称为怀孕期。在水蛭的养殖期间，一定要仔细观察，随时观察它的产卵行为，同时保证食料充足，为它们提供充足的营养需求。

二　产出卵茧

水蛭在受精过程完成后，它的生殖行为并没有停止，这时水蛭的雌性生殖孔附近环带（也就是生殖带）部分的体壁分泌速度会加快，它分泌出的物质有两部分：一部分是白色的泡状物质，这是形成卵茧的外层物质，起保护卵茧的作用；另一部分就是蛋白液，是起黏连作用的，保证产出的受精卵悬浮于其中（图 5-2）。

图 5-2　水蛭的卵

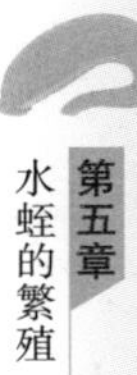

在自然界中，水蛭产出卵茧的时间一般在 4 月中旬至 5 月下旬，

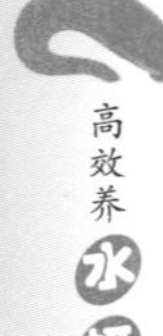

这时候的气温要求平均温度达20℃以上。水蛭在产茧前，先从水里慢慢游出来，然后钻入田埂边或池塘边的疏松、潮湿的泥土中。在进入泥土后，水蛭再转而向上方钻成一个斜行的或垂直的穴道，它的前端朝上停息在穴道中，这时开始产出卵茧。在产茧过程中，环带的前后端极度收缩，身体变得细长，由于压力的原因，导致人们见到的卵茧的两端较尖。这时水蛭的身体沿着纵轴转动，环节部分分泌一种稀薄的黏液，成为一层卵茧壁，包于环带的周围，把卵茧的内表面弄得光滑。卵是从雌孔中产出，落于茧壁和身体之间的空腔内并分泌一种蛋白液于茧内。此后，水蛭亲体的前部慢慢向后方蠕动退出，在退出的同时，由前吸盘腺体分泌形成的栓，塞住茧前后两端的开孔，使茧从前端产下（彩图5-4、彩图5-5）。

水蛭产卵茧的时间大约需要30min，水蛭所产茧的茧形从大到小，从第一个到最后一个茧，茧形相差很大，大多数为椭圆形或卵圆形，呈海绵状或蜂窝状，大小为（22～33）mm×（15～24）mm，平均为26.6mm×18.7mm。卵茧重1.1～1.7g，平均1.68g。一个养殖池里的水蛭群体总产茧时间约7天，每个水蛭产茧量为3个左右。卵茧产在泥土中数小时后，卵茧的颜色也会发生变化，先由当初的紫红色渐渐转变成浅红色，最后又变成紫色，同时茧壁慢慢变硬，壁外的泡沫风干，壁破裂，只留下五角形或六角形短柱所组成的蜂窝状或海绵状保护层（彩图5-6）。

蛭类的受精卵一般在保护良好的卵茧内自然孵化和发育，发育的类型为无变态型，即直接发育。每个茧内的幼蛭数为13～35条，多数20条左右，幼蛭从卵茧内爬出，直接进入水中营自由性半寄生生活。

在进行人工养殖水蛭时，一定要根据水蛭的产茧习性，构建出产茧床，便于水蛭产出的卵茧又快又好。产茧床要求疏松的土壤厚度在15～20cm，湿度为35%～40%，为了能将多余的水及时排出，在产茧床的四周做好排水沟，以防遇到连续阴雨天积水。

第三节　水蛭卵茧的孵化

在自然情况下，水蛭产出卵茧后，基本上是不用人工照顾就可

自然孵化出幼蛭来。但是在人工养殖的条件下，为了提高孵化率，减少天敌对幼蛭的危害，取得最佳的经济效益，还是建议养殖户采取人工孵化的方式。

一 室外自然孵化

水蛭产茧后，经过一周的时间逐步恢复，开始从泥土中爬出，进入水中寻找食物。此时对种蛭可收取捕捉另池饲养或加工，这个繁殖池兼作孵化池，留在土壤中的卵茧就开始自然孵化了。水蛭的卵茧在自然条件下孵化需要一定的条件：温度在20℃左右，卵茧经过20天时间的孵化，幼苗从卵茧钻出，如果温度略低，则孵化时间就略长。例如，在春季温度较低和阴雨季节里，孵化时间将会延长到一个月以上。但是长时间出现10℃以下的低温，就有可能孵化不出幼蛭，严重的还会出现大批卵茧死亡的现象。孵化湿度一般在35%～40%最适宜，如果土壤的湿度过大，在太阳光照下极易出现板结现象，不利于卵茧的透气，而湿度过小，土壤过干，易使卵茧失去过多水分，都不利于卵的孵化，甚至孵化不出幼苗。因此，要做好防干保湿，同时要严防鼠类天敌。

在室外自然孵化时，从5月底到6月初是初期孵化阶段，孵化数占总数量的20%～30%。而到了6月中旬就是水蛭的孵化盛期阶段，在这10来天中，水蛭孵化数可以占到总数的50%～60%。在6月下旬，大多数卵茧均已孵化，这段时期孵化数占总数的10%～20%。

二 室内人工孵化

室内人工孵化水蛭就是在专门的孵化室里，通过人工控制最适宜的温度和湿度，创造出适合孵化的最佳环境，同时也可以有效地防御天敌的侵袭，使水蛭的孵化率大大提高。这种方法全部靠人工孵化，主要适用于产卵量少或刚开始养殖水蛭的养殖户，是养殖户提高幼蛭数量的重要措施。

1. 孵化用具

在进行室内人工孵化水蛭时，一般选用塑料、木制、搪瓷等盆、盒作为孵化用具，也可采用装水果的泡沫箱。在孵化前先将用具清洗干净，然后放在日光下晒干，在底部放一层1～2cm厚的松软的孵化土备用（图5-3）。

图5-3　收集好准备孵化的水蛭卵茧

2. 选卵

将卵茧从泥土中取出，收集后进行适当挑选，分出大小茧型和颜色的区别，尽量根据大小、老嫩分开孵化（彩图5-7），同时要剔除那些破茧和发霉的卵茧（彩图5-8）。

3. 排卵

将卵茧（彩图5-9）仔细地平放在松土上，在卵茧上再盖一层2cm的松土，为了保持一定的湿度，松土上放上一块保湿棉布或清洗干净的水草。最后将排好卵的孵化箱集中放在孵化房内。

4. 湿度要求

为了确保水蛭的卵茧安全快速地孵化，保证一定的湿度要求是必需的，要求孵化房空气湿度保持在70%～80%，孵化箱内的湿度掌握在30%～40%之间。在孵化过程中，要经常观察孵化箱内的松土干燥程度，当发现湿度不足时，用喷雾器进行适量加水，也可直接向棉布上喷雾状的水，但要防止过湿，不能出现明水。因此，孵化土的干湿程度直接影响着孵化出苗率。

5. 温度要求

孵化房内的温度将直接影响水蛭卵茧的孵化时间和孵化率，因此不能掉以轻心。孵化的温度应控制在20～23℃之间，幼苗25天左右即可孵化出幼蛭来，温度过高或过低都不利于卵茧的孵化。

6. 孵化管理

在孵化阶段，应尽量避免在平台上走动，以免踩破卵茧。平台面要保持湿润，可覆盖一层水草，若碰到下雨天气要疏通溢水口，水面不能没过平台，保持差距3cm左右。

7. 幼蛭收集

刚孵出的幼蛭体形很像成体，呈软木黄色，体背部的两侧各排列着7条紫灰色的细纵纹。随着幼蛭的生长，纵纹间的色泽逐渐变化，形成5条由两种斑纹相间组成的纵纹而变化成成体的色纹。

只要从卵茧里破茧而出（彩图5-10），幼小的水蛭就具有了一定的活动能力，它们会到处乱爬乱撞，这时要及时对这些水蛭进行收集（彩图5-11）。为了防止孵化出来的幼蛭乱爬甚至逃跑，可在孵化箱里设一个盛水的容器，容器的口最好能与排好卵的位置相平齐，然后倒入一半的水。这是利用水蛭趋水的特性，使孵化出来的幼蛭自然掉入水内，再在水中放一些木棒或竹片等，幼蛭就会一个个地爬到上面栖息，这时就可以把幼蛭进行集中收集了。

> **【提示】** 幼蛭收集的次数基本上控制在半天收集一次，等卵茧全部孵出后，可整体转入饲养池，进行野外饲养。

一般情况下每个卵茧可在一天内全部孵出幼蛭，但是如果茧内幼蛭较多，它会分批孵化，先在第一天孵出10余条或20余条，次日再接着孵出余下的幼蛭。刚孵出的幼蛭大小为（6.2～19）mm×（2.2～3.6）mm，平均13.5mm×2.9mm（图5-4）。

8. 幼蛭的管理

在自然状态下，幼蛭孵出后两三天内主要靠卵黄维持生活，三天后即可采食。初孵出的幼蛭主要取食蚌、螺蛳的血液和汁液，因此，要及时向幼蛭培育池中投放幼嫩的蚌类和螺蛳供幼蛭取食。在一个蚌的体内，会钻入10～100条幼蛭，随着幼体的长大，它们会吞食蚌、螺蛳的整个软体部分。幼蛭生长迅速，半个月后，平均增长达15mm以上，即可转入大池中饲养。

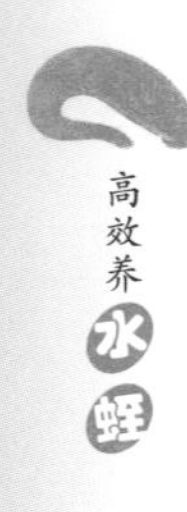

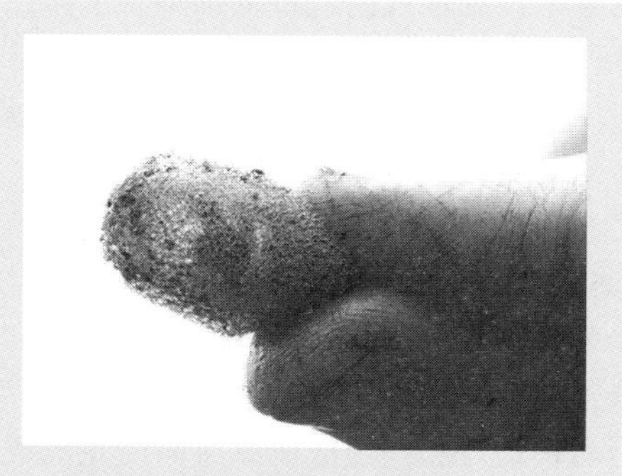

图 5-4　已经孵化出幼蛭之后的卵茧

任何一种动物幼苗管理都很困难，尤其是选取幼苗首次取食的饵料（简称开口饵料）。在人工养殖时，最好采用更适合幼蛭生长发育的优质开口饵料。由于水蛭是喜欢群居的动物，当幼苗从卵茧中孵化出茧后，它喜欢群居在一起，即使放养在水池里，它也会成千上万地挤在一起，而且昼夜不分散。由此，对于幼苗的首次进食更加困难，一旦幼苗长时间不进食，将会瘦小无力直至死亡，这是人工养殖成败的关键性一步。

【注意】 要让绝大部分甚至所有的幼蛭都能在第一时间内吃到食物，从而保证它的顺利生长，就必须做到：一是让幼苗从群居到分散；二是让幼苗顺利进食；三是让幼苗吃到喜欢而营养丰富的饵料和配合饲料，然后进行阶段性投喂。

幼蛭身体发育不健全，对环境的适应能力较差，对病害的抵抗能力较弱。因此，水温应保持在 20～25℃为宜，过高或过低都会对幼苗生长不利，水深宜保持在 30～50cm。由于此时的幼苗消化器官性能较差，所以，应注意投喂具有营养合理和适口性的幼苗开口饵料，确保幼苗首次取食顺利成功。在养殖过程中还有一点要注意，投喂幼苗饵料时，要根据幼苗喜欢的活动场所来投放，从而使幼苗在整体活动的环境下都能吸取到食物，不存在争抢食物和寻找不到食物的情况。因此，幼苗精养期间，要构建幼苗精养池，人工创造幼苗活动、取食、休息、排泄的设施模式，以建一个 10m^2 的精养池为例，能喂养 10 万～20 万条幼苗。

在幼苗管理阶段，为了防止雷雨天气突然而至的水流，应做好池边防雨，盖上一条塑料薄膜，也可盖上 60 目以上的防逃网。这是因为只要池边有流水，幼苗就会顺着水印往上爬出。当然，只要池边没有雨水的积流下池，保持池墙边干燥，幼苗很稳定，不会往上爬行。

幼苗喜欢新鲜水源及微流水，因此，幼苗期间要每天更换新水，多补充新水。同时装上一台微型增氧机，效果更佳。若饲料搭配合理，新鲜水质充足，池中保持一定微流水，幼苗成长速度很快，从卵茧出来 2cm 的幼苗经过 20 多天的精养管理，可生长到 7cm 左右。这样的幼苗再投到大池塘、水田、水蛭池中精养的成活率和产量会更高。

第六章
水蛭的饵料及投饲

一般人认为水蛭基本上是以吸血为主，营半寄生生活，它们以螺类、多毛类、甲壳类以及昆虫的幼虫类等为取食对象，吸食各种无脊椎动物的血液或身体的软组织。例如，日本医蛭以吸食脊椎动物的血液为主，吸食对象包括人、家畜、蛙类、鱼类等。宽体金线蛭、茶色蛭主要吸食无脊椎动物的体液或腐肉，如河蚌、田螺、蚯蚓、水生昆虫、水蚤等。但是它们大部分在幼年时以捕食为生，也吸食一些水面植物和岸边植物及腐殖质等，到了成年后才以吸血为主。和所有进行规模化养殖的动物一样，水蛭的饵料可以从自然界中直接获取，这就叫天然饵料，也叫活饵料，当水蛭养殖量较少而且从自然界中捞取或自己培育的天然饵料非常充足时，这是一种非常优良的饵料。但是当大规模发展水蛭养殖时，光靠天然饵料是不行的，还要开展人工培养天然饵料。

了解水蛭的这个食性，在进行水蛭的人工养殖时，才能做到有的放矢，事半功倍。既要照顾它幼年的捕食习性，同时又要满足它成年后的吸食习性，在提供食物时，要尽可能地达到营养平衡，这样才能保证水蛭的养殖成功，取得较好的经济效益。

天然饵料的来源主要有三个：第一个来源是在水蛭饲养环境中自然生长和繁殖的饵料，这就需要给这些天然饵料创造一个良好的生存空间，来促进它们的大量繁殖，为水蛭提供充足的饵料。例如，在水蛭养殖的池塘中有本来就存在的田螺等活饵料。第二个来源是人工投放的天然饵料，这主要是通过人工在其他环境中捕获的天然饵料，再投放到水蛭饲养的环境中，使这些天然饵料再繁殖生长，以供水蛭吸食。例如，可以从湖泊、池塘中捞取河蚌，再放到水蛭饲养池中。第三个来源就是自行另池专门培育天然活饵料，供水蛭食用。例如，可以人工培育蚯蚓供水蛭食用。

【提示】 天然饵料的供应保证是养殖水蛭成功的关键技术措施之一，也是比较省钱且有效的一招。

第一节　天然饵料的采集

天然饵料是水蛭生长发育中不可或缺的饵料，根据水蛭需要饵料的途径不同，可以将天然饵料分为两类：一类是直接供水蛭吸食的饵料，如蛙类、鱼类、螺类、河蚌等，称为直接饵料；另一类就是为人工养殖或自然增殖直接饵料而提供的，它们并不是直接用来被水蛭吸食的，而是先用它们喂养其他的蛙、鱼等，再把蛙、鱼喂给水蛭，称为间接饵料，如蛙类生长所需要的昆虫、螺和水丝蚓类生长所需要的水生生物及腐殖质等都是间接饵料。

一　直接饵料的采集

1. 蛙类的采集

根据蛙类的生活习性，可以采取两种方式进行采集，白天采用垂钓法诱捕，晚上采用灯光法照捕。这两种方法都是人工直接从自然界中捕捉的，可以为水蛭提供鲜活的饵料来源。

在白天进行钓捕时，可用活的昆虫当诱饵，用垂线直接系上钓钩就可以。由于蛙类都是近视眼，它们对静止的东西会视而不见，因此在垂钓时要不时晃动诱饵，让蛙类感觉到诱饵的存在，当蛙吞住诱饵后，就能将它们迅速捕捉。

而在晚上捕捉蛙类时，虽然辛苦，但效果非常好。由于蛙类对光线特别敏感，当用手电照射到蛙时，蛙在光的直射下不知所措，可用手捕捉。捕捉后要及时将蛙放入水蛭养殖场所，以保持最好的鲜活状态。

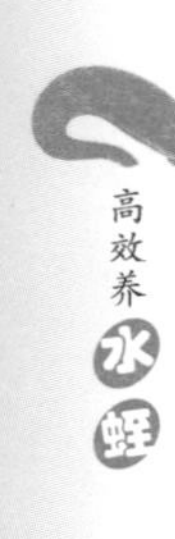

【警告】>>>>

值得说明的一点就是由于蛙类基本上都是益虫，所以不要在野外捕捉蛙类，建议养殖户可以自己人工养殖一部分蛙类，如青蛙、牛蛙、林蛙等。

2. 螺类的捕捉

由于螺类喜欢聚集在水质清新、水草较多的水域，因此可选择螺类比较集中的水库、河流、湖泊等淡水流域，直接用拖网或大抄网捕捞，在捕捞后可用清水暂养一下，然后把螺类放入水蛭养殖场所（彩图 6-1）。

3. 水丝蚓的捕捞

水丝蚓通常群集生活在小水坑、稻田、池塘和水沟底层的污泥中，常成片状分布。水丝蚓生活时通常身体一端钻入污泥中，另一端伸出在水中颤动，受惊后会立即缩入污泥中。身体呈红色或青灰色，是水蛭适口的优良饵料。采集时将淤泥、水丝蚓一起装入网中，然后用水反复淘洗，洗净淤泥，逐条挑出，取出水丝蚓投放入水蛭养殖场所。若饲养得当，水丝蚓可存活 1 周以上。在保存期间若发现虫体变浅且相互分离不成团，蠕动又显著减弱时，即表示水中缺氧，虫体体质减弱，有很快死亡腐烂的危险，应立即换水抢救。

【提示】 在炎热的夏季，保存水丝蚓的浅水器皿应放在自来水龙头下用小股细流水不断冲洗，才能保存较长时间。

二 福寿螺的培育

福寿螺又称瓶螺、大瓶螺、南美螺、苹果螺、龙凤螺，高蛋白、低热量，并含有维生素 C 和胡萝卜素，确是一种好的滋补佳品，也是最佳的动物性鱼粉替代品。在人工养殖水蛭时，福寿螺也是水蛭最喜爱吸食的饲料源之一。

1. 福寿螺的生活习性

福寿螺喜欢生活在较清澈的淡水中，多栖息在水域边缘或附着

在挺水植物根部，在水较浅的水域中，也栖息在水底层。福寿螺的运动方式有两种：一是靠发达的腹足紧紧黏附在物体表面爬行；二是吸气漂浮在水面后，靠发达的腹足在水面作缓慢游泳。

福寿螺喜欢在温暖的条件下生活，喜集聚在池边和出入口处，喜阴怕光，特别是对强光直射具有较强的避让能力。白天较少活动，晚上活动频繁。黄昏以后，多在水面觅食，若是遇到险情时，便立即放出空气，紧急下沉，以避敌害。福寿螺活动的强弱与环境变化关系密切，对水温水质的变化尤为敏感。福寿螺的生存温度为10～40℃，最适宜的水温为25～32℃，温度低于10℃或高于40℃时，其生长发育就要受到影响，其最高临界水温可达46℃，最低临界水温为7℃，水温达28℃以上时，活动最频繁，生长最快。水温在12℃以下时，活动明显减弱，水温在8℃时，基本上停止活动，进入冬眠状态。12月初至第二年3月下旬，水温比较低，是福寿螺的越冬期，4～11月是它的生长期。水质清新时活动能力强，水质较劣时，大螺就先浮出水面，基本停止活动，小螺对环境变化的适应能力较弱，很快死亡。

2. 福寿螺的食性

福寿螺的摄食器官是口，口为吻状，可伸缩，口内有角质硬齿，用于咬碎食物。福寿螺为杂食性，食物的构成随着发育程度而变。在天然环境下，刚孵出的小螺以吸收自身残留的卵黄维持生命，卵黄吸收完毕前，摄食器官初步发育完善，便转食大型浮游植物，在人工养殖环境下，食物的构成主要是以人工投饲为主、天然饵料为辅。幼螺食青草、麦麸等细小的饲料，成螺主食水生植物、动物尸体及人工投饲的商品饲料，苦草、水花生、浮萍、凤眼莲、青菜叶、瓜叶、瓜皮（要切成块，便于取食）、果皮、死鱼、死禽畜、花生麸、豆饼、米糠、玉米粉及少量的禽畜粪肥、腐殖质等都可以用来喂养福寿螺。种螺除了投喂青饲料外，还要投喂一些商品饲料，对受污染、有化学刺激性的以及茎、叶长有芒刺的植物有回避能力。投放浮萍等水浮性饲料的主要作用是有利于螺体附着，浮于水面活动。

福寿螺的食性很广，但其对饲料有一定的选择性，在人工养殖

的情况下，幼螺喜食小型浮萍，成螺喜食商品饲料，若长期投喂商品饲料后突然转投青料，它便出现短期绝食现象，在饥饿状态下，大螺也会残食幼螺及螺卵。福寿螺夜间摄食旺盛，小食物一口吞入，大食物先用齿舌锉碎，尔后再吞入。

福寿螺的摄食强度，一是易受季节变化影响，水温较高的夏秋季，摄食旺盛，水温较低的冬春季，摄食强度减弱，甚至停食休眠。二是易受水质条件影响，在水质清新的水体中，其摄食强度大，水质条件恶劣时，摄食强度小，甚至停食。

3. 福寿螺的养殖方式

福寿螺的养殖方式多种多样，一般常见水域及水体都可进行养殖。既可从小螺到成螺一起养殖，也可分阶段具体养殖。在幼螺阶段可以用小池、缸盆饲养，成螺阶段可以在水泥池、缸等小水体中饲养，也可在池塘、沟渠、稻田中饲养。我国华北地区饲养3~4个月，平均体重可达70g以上，而在南方养殖一年可长到200g左右，最大个体达400~600g，通常在池塘中专池饲养亩产可达5t左右，产值和效益也比较可观。

一是用水泥池精养。水泥池精养的优点：一是单位面积的产量高，二是易管理。若水泥池较多时，可配套排列分级养殖。水泥池精养时的放养密度应根据种苗大小和计划收获规格而定，一般初放密度每平方米总体重不宜大于1kg，最后可收获5kg左右。

二是用小土池精养。小土池精养的优点：一是成本低，二是产量高，三是管理方便。小土池精养的放种密度应比水泥池精养密度小，小土池养福寿螺，生长速度比水泥池方式稍快，且水体质量容易控制，是目前福寿螺的主要养殖模式。

三是用池塘养殖。池塘水面较开阔，水质较稳定，故池塘养殖福寿螺生长速度快，产量高，亩产高的可超过万斤。为了方便管理，养殖福寿螺的池塘面积不宜太大，水位不宜过深，一般面积以1~2亩（1亩≈667m^2）为宜，水深在1m较适合。养殖密度可大可小，故每亩可放养小螺为5万~10万粒，可实行一次放足、多次收获、捕大留小，同时创造良好的环境，促进其自然繁殖、自然补种。

四是用网箱养殖。大水面较大、水质较好的池塘或湖泊、水库里，架设网箱养螺。由于网箱环境好，水质清新，故螺生长快、单产高，还具有易管理、易收获的优点。其放养密度可比水泥池稍大，每平方米的放养量可超过1.1kg，收获时的产量可超过6kg。网箱的网目大小以不走幼螺为度，一般用10目（1.7mm孔）的网片加工而成，养螺的深度设置可低于网箱养鱼的深度，箱高50cm为好，在网箱里可布设水花生、凤眼莲等攀爬物。

五是利用水沟养殖。养殖福寿螺的水沟，宽1m、深0.5m为好，可利用闲散杂地开挖沟渠养螺，也可利用瓜地菜地、园地的浇水沟养殖福寿螺。新开挖用于养螺的水沟要做好水源的排灌改造，做到能灌能排，同时也要做好防逃设施。开好沟后，用栅栏把沟拦成几段，以方便管理，沟边可以种植瓜、菜、豆、草等，利于夏季遮阴，也可充分利用空间，增加收入。利用水沟养螺的优点是投资少、产量较高，其放养密度与小土池精养时放养密度相当。

六是利用稻田养殖。稻田养殖福寿螺，可以增加土地肥力，具体做法分为三种：一是稻螺轮作，即种一季稻养一季螺；二是稻螺兼作，即在种稻的同时又养螺，水稻起遮阴作用，使螺有一个良好的生活空间；三是变稻田为螺田，常年养螺。

4. 福寿螺的养殖技术

福寿螺进行人工养殖时可控性强、产值利润率高，人工养殖福寿螺的过程大体上可以分为以下几个步骤：

第一步是整理养殖场地。福寿螺对养殖场的要求不高，凡是水质较好、水源较近、进排水方便的浅塘、沟渠、洼地、土坑等零星水面以及菜畦、水泥池等地稍加改造均可养殖。人工养殖场要求防逃设施好、无污水污染、投饲方便的场地为佳。但是由于该螺食量大，投放饲料多，排泄物也多，所以要求养殖场必须排灌方便，能经常换水。

由于人工投饲量大和螺的排泄物多，水体自净能力差，因此要求每周换水两次，这也是确保养殖成功的关键。在水泥池中先放一层3～6cm厚的肥泥，然后放进福寿螺进行正常养殖。池塘、沟渠、土坑等场所先排干水，然后用生石灰清除敌害，再放入清水并投入福寿螺养殖。由于福寿螺喜爱在浅水区和塘边四周活动，为了最大

限度地利用空间，可将面积较大的池塘用网布隔开，形成若干个生产小区，以便于投饲、采收和管理。利用菜畦改造后养殖福寿螺的，可隔畦挖一条深70～80cm的螺溜沟，保持水位在40～60cm，并适时栽上部分水草或插上竹竿等攀爬物，为福寿螺的栖息提供良好的环境场所，及时疏通排灌渠，确保水源通畅，最好能保持微流水。大规模商品化生产的，最好用水泥池实行高密度集约化精养殖。水泥池一般长为4m、宽3m、高1m，体积12m^3。新建的水泥池在使用前半个月，最好每平方米用苏打水2kg或泼洒白醋0.5～0.75kg或引入头遍淘米水，浸泡3天后，用板刷刷洗一遍，再用清水淋洗后注入新鲜水30～40cm深。池边离水面15cm处设一铁刷或竹制三脚架，上面放几个孔径0.5cm的竹筛，作为卵块孵化场地，待雌螺产卵次日，铲起卵块集中放于竹筛进行自然孵化。

第二步是对福寿螺进行分级饲养。由于福寿螺养殖密度大，繁殖力强，各阶段的螺对水质、溶氧的要求各异，因而分级饲养、专池专养有利于福寿螺养殖的规格一致、大小整齐，也有利于集体繁殖。刚孵出的幼螺，抵抗力较差，宜专池放养于小水泥池中养殖。幼螺孵出的第一周，每天投喂两次麦麸、米糠和浮萍，投入的数量随小螺的生长而增加，7天后，当螺长至小花生米那么大时，就要增放凤眼莲、水花生等水生植物，让螺自由取食，进出水口的栅栏要经常检查，防止幼螺随水流走。小水泥池长2m、宽2m、高0.5m，水中放淤泥3cm，水深5～10cm，要求注排水方便、水质清新，水体溶解氧含量高，水质欠佳时，容易导致幼螺大量死亡。水泥池中人为放置的可供栖息攀爬的水草、竹枝及其他攀附物较多，适时投喂精料，积极清除敌害。每平方米可放养500～800只。当近一个月的精心饲养后，幼螺长到1～3g重时，可转入大水面的成螺池中养殖。各种塘、沟、堑、坑等水体均可进行成螺人工养殖。由于此时的福寿螺逃逸的能力和欲望特别强烈，因此在这段时间要重点做好防逃设施的检查和维护；注意进排水的通畅和灌注的方便，投喂的饲料宜精粗合理搭配，随着螺体长大，水深由15cm逐渐加深到60～80cm，放养密度为500只/m^{2}左右；当福寿螺长到10g左右，便进入性成熟阶段。为了便于福寿螺的交配、产卵和人工采卵，此时可将性成熟螺选

出放于专池中培养，放养密度减少为50～100只/m^2。

第三步是加强投饵技术。福寿螺主要摄食植物性饲料，如青萍、紫背浮萍、各种水草、凤眼莲、冬瓜、南瓜、西瓜、茄子、蕹菜和白菜等。刚出壳的幼螺，宜投喂紫背浮萍、嫩菜叶、细米糠等饲料，随着螺体逐渐长大，可增投水草、菜叶、瓜果等浮水性饲料，以利于福寿螺浮于水面攀附采食。投饵采用四定法，即定时、定点、定质、定量。每日早晚各投喂一次，以9：00和17：00投喂为宜。定量措施通常采用隔日增减法，即根据前一天的吃食情况及剩余饵料多少来决定当天的投喂量，注意既要保证福寿螺吃饱吃好，又要注意不可过剩，以免腐烂沤臭水质。定质则要求所投喂的饵料新鲜不变质，精细搭配合理。投喂幼螺饵料时要求全池遍洒，保证幼螺尽可能都采食；投喂成螺时，可采取定点定位投饲，视每池的大小，确定固定的十来个投饲点。为了确保溶氧充足，保证福寿螺快速生长，在喂食后，池内水体要保持清新，每隔几天就要把植物性饵料残叶捞出，同时要注意水体勤排勤灌，每隔3～5天可以换冲水一次。

第四步是做好防逃防害工作。由于福寿螺具有攀爬的生活习性，特别是在露天养殖的情况下更易发生逃跑事件；若遇到小雨时，特别注意在第二天凌晨福寿螺可能会大批逃跑，因而防逃设施不可少。一般在池塘四周用宽25cm的塑料薄膜围住专养池即可，进排水口均用纱布防逃。福寿螺肉质肥厚，因而易成为鼠类、蛇类的天然美食，所以要特别防治这些敌害，一旦发现，应尽可能捕杀。另外，池水切忌被农药、石灰水污染，若使用自来水养殖，事先需将自来水放在阳光下暴晒1～2天或经充分搅拌去氯后方能引入池中。

三 田螺的培育

田螺属于软体动物门、腹足纲、田螺科，是一种淡水腹足类，和福寿螺一样，田螺也是水蛭喜食的优质活饵料。

1. 田螺的生活习性

田螺栖息于土质柔软、腐殖质较多、饵料丰富的湖泊、池塘、沟渠、水田中，以水生植物、浮游动物残体和细菌、腐屑等为食。平时用宽大的足部在水底、地下、水生植物上爬行，生长适温为

20~27℃，此时田螺最为活跃，食欲旺盛，水温超过30℃时，会将肉体缩入壳内，停止摄食并群集于阴凉处栖息或用靥封口潜入泥土中避暑，水温超过40℃时，便会闷热死亡。如果没有遮阴防暑设施，田螺会很快被烫死。田螺耐含力强，冬天水温在8℃以下时，田螺便用壳盖掘一10~15cm深的洞穴，潜入里面冬眠越冬，只要有水分就不会死亡；至第二年春季水温回升到15℃左右，又重新出穴活动摄食。

2. 养殖场地的修建

人工养殖田螺投资少、管理方便、技术简单、效益比较高，因而有计划地发展田螺养殖，既可满足市场需求，又能为特种水产品提供大量优质饵料。

人工养殖田螺，既可开挖专门的养殖池，也可利用稻田、洼地、平坦沟渠、排灌池塘等养殖。专门的养殖池应选择水源有保障，管理方便，没有化肥、农药、工业废水污染的地方，利用稻田养殖，既不能施肥，又不能犁耙，在进出水口安装铁丝或塑料隔网，以便进行控制。养殖池最好专池专养，分别饲养成螺、亲螺和幼螺，一般要求池宽15m，深30~50cm，长度因地制宜，以便于平时的日常管理和收获时的捕捞操作，养殖池的外围筑一道高50~80cm的土围墙，分池筑出高于水面20cm左右的堤埂，以方便管理人员行走。池的对角应开设一排水口和一进水口，使池水保持流动畅通；进出水口要安装铁丝网或塑料网，防止田螺越池潜逃，养殖池里面要有一定厚度的淤泥。水泥池在使用前要用5%的苏打水（$NaHCO_3$，碳酸氢钠）全池浸泡一昼夜，再用清水洗净后方可使用，这个过程称为脱碱。在放养前一周，首先要先培育天然饵料，方法是用鸡粪和切碎的稻草按3∶1的比例制成堆肥，按每平方米投放1.5kg作为饵料生物培养床，同时适当在池内种植茭白、水草或放养紫背浮萍、绿水芜萍、凤眼莲等，水下设置一丝木条、竹枝、石头等隐蔽物，以利于螺遮阴避暑、攀爬栖息和提供天然饵料、提高养殖经济效益。

3. 亲螺来源及繁殖

人工养殖田螺的亲螺可以在市场上直接购买，但最好是自己到沟渠、鱼塘、河流里捕捞，既方便又节约资金，更重要的是从市场上购买的亲螺不新鲜，活动能力弱。亲螺质量的好坏直接影响养螺的经济效益，因此要认真挑选，一般应选择螺色青淡、壳薄肉多、个体大、外形圆、螺壳无破损、厣片完整者为亲螺。田螺为雌雄异体，一般雌性大而圆，雄性小而长，主要从头部触角上加以区分，雌螺左右两触角大小相同且向前伸展，雄螺的右触角较左触角粗而短，末端向内弯曲，其弯曲部分即为生殖器。田螺群体呈现出“母系氏族”的特点，雌螺占绝大多数，占 75% ~ 80%，雄螺仅占 20%~25%。在生殖季节，田螺时常上下或横转作交配动作，受精卵在雌螺育儿囊中发育成仔螺产出。每年的 4 ~5 月和 9 ~ 10 月是田螺的两次生殖旺季。田螺是分批产卵型，产卵数量随环境和亲螺年龄而异，一般每胎 20 ~ 30 个，多者 40 ~ 60 个，一年可生 150 个以上，产后 2 ~3 个星期，仔螺重达 0.025g 时即开始摄食，经过一年饲养便可交配受精产卵，繁殖后代。根据生物学家的调查，繁殖的后代经过 14 ~16 个月的生长又能繁殖仔螺。

4. 幼螺养殖技术

幼螺是指从卵孵化后 30 天内的螺体，刚孵化后的幼螺，体质娇嫩，但十分灵活好动，爬行迅速敏捷。为了确保成螺的质量和养殖，必须做好幼螺的保护和养殖措施，目前生产上常用幼螺饲养箱专门饲养幼螺。

(1) 幼螺饲养箱的准备 幼螺饲养箱通常采用立体式，多层箱体相互叠加，每层箱高 10cm，一般规格为 20cm × 17cm × 10cm，养殖土（营养土）5cm 厚，留有空间 5cm，有条件的可在箱底下面铺设一层 3cm 左右厚的碎石子和鹅卵石，以增加养殖土的透气性和透水性。

(2) 加强饲养管理 幼螺孵出后，通常藏在松软的泥土里两天后才陆续爬到土表活动，此时应把幼螺及时转移到幼螺饲养箱内饲养。刚孵化出的幼螺壳特别薄，体质娇嫩，对外界环境适应能力很差，在转移幼螺的过程中，不能用手抓捏或用夹子夹取，只能用菜叶或湿布盖在土表，上面撒些诱饵，诱集幼螺爬到菜叶或湿布上，再把它们一起转移到幼螺饲养箱内，这样避免碰伤幼螺。

幼螺生长特别快，饮料要求新鲜多汁，含营养成分丰富，2 ~3

天更换一次食物种类。根据需要可以多投喂一些鲜嫩多汁的瓜果、菜叶，辅以部分麦面、米糠、米粉、钙粉或鸡蛋壳粉等精料，有条件的还可在菜叶上面洒些牛奶等，如果适当投喂一些干酵母粉，将对幼螺的生长有很大的促进作用。

（3）要掌握合理的饲养密度 随着幼螺的生长，饲养密度应逐渐由密到稀，以免发生拥挤、取食困难而被迫休眠，从而造成生长缓慢甚至死亡。放养密度以每平方米面积投放幼螺2000~3000只为宜。

（4）要保证合适的温度与湿度 幼螺对外界环境抵抗力较弱，所以要特别注意温度和湿度的控制，室内温度一般控制在20~30℃之间，昼夜温差不得超过5℃，原则上要求室内湿度在70%~80%的范围内。在实际饲养中，室内湿度很难保持这一要求，故应在饲养箱内外的湿度上下功夫。土壤底部的含水量以30%~40%为宜，昼夜湿度差不得超过10%，湿度忽高忽低，易引起幼螺死亡。在早春和入冬季节，应注意做好防寒保暖工作，空气或养殖土过干或过湿，都对幼螺生长不利。过湿易滋生病菌和昆虫，饲养土易霉烂，引起幼螺受病菌侵害而大量死亡；过干则会使螺体失去水分，影响生长，甚至死亡。天热时应每天多喷洒几次水。喷水时最好用喷雾器形成雾状水粒为佳，不能把水直接喷洒在幼螺身上，否则易导致幼螺死亡。喷过水后，箱上盖好湿布，保持养殖土湿润。所用的水如果是城市自来水，因其中含有漂白粉，需放在太阳下暴晒2~3天去除余氯后方可使用。

5. 成螺养殖

成螺比幼螺更易适应环境变化，因而可以在各种水域中养殖。

投放密度：人工养殖田螺，必须根据实际情况灵活掌握种螺的投放密度。一般情况下，在专门单一养成螺的池内，密度可以适当大一些，每平方米放养种螺150~200只，如果只在自然水域内放养，由于饵料因素，每平方米投放20~30只种螺即可。

饵料投喂：田螺的食性很杂，人工养殖除由其自行摄食天然饵料外，还应适当投喂一些青菜、豆饼、米糠、番茄、土豆、蚯蚓、昆虫、鱼虾残体以及其他动物内脏、畜禽下脚料等。各种饵料均要

求新鲜不变质，富有养分。仔螺产出后 2 ~ 3 周即可开始投饵。田螺摄食时，因靠其舌舔食，故投喂时，应先将固体饵料泡软，把鱼杂、动物内脏、屠宰下脚料及青菜等剁碎，最好经过煮熟成糜状物后，再用米糠或豆饼麦麸充分搅拌均匀后分散投喂（即拌糊撒投），以适于田螺舔食。每天投喂一次，投喂时间一般在 8：00 ~ 9：00 为宜，日投饵量为螺体重的 1% ~ 3%，并随着体重的逐渐增长，视其食量大小而适量调整，酌情增减。对于一些较肥沃的鱼螺混养池则可不必或少投饵料，让田螺摄食水体中的天然浮游动物和水生植物。

【注意】 人工养殖田螺时，平时必须注意科学管理，才能获得好的收成。

1）注意观测水质水温。田螺的养殖管理工作中最重要的是要注意管好水质、水温，视天气变化调节、控制好水位，保证水中有足够的溶氧量，这是因为田螺对水中溶氧很敏感。据测定，如果水中溶解氧在 3.5mg/L 以下时，田螺摄食量明显减少，食欲下降；当水中溶解氧降到 1.5mg/L 以下时，田螺就会死亡；当溶解氧在 4mg/L 以上时，田螺生活良好。所以在夏、秋摄食旺盛且又是气温较高的季节，除了提前在水中种植水生植物以利遮阴避暑外，还要采用活水灌溉池塘即形成半流水或微流水式养殖，以降低水温、增加溶氧。此外，凡含有强铁、强硫质的水源绝对不能使用，受化肥、农药污染的水或工业废水要严禁进入池内。鱼药五氯酚钠对田螺的致毒性极强，因此禁止使用。水质要始终保持清新无污染，一旦发现池水受污染，要立即排干池水，用清新的水换掉池内的污水。

2）注意观察采食情况。在投饵饲养时，如果发现田螺靥片收缩后肉溢出，说明田螺出现明显的缺钙现象，此时应在饵料中添加虾皮糠、鱼粉、贝壳粉等；如果靥片陷入壳内，则为饵料不足饥饿所致，应及时增加投饵量，以免影响其生长和繁殖。

3）加强螺池巡视。田螺有外逃的习性，在平时要注意加强螺池的巡视，经常检查堤围、池底和进出水口的栅闸网，发现裂缝、漏洞及时修补、堵塞，防止漏水和田螺逃逸。同时要采取有效措施预防鸟、鼠等天敌伤害田螺；注意养殖池中不要混养青鱼、鲤鱼、鲈

鱼等杂食性和肉食性鱼类，避免田螺被吞食；越冬种螺上面要盖层稻草以保温、保湿。

四 河蚌的培育

河蚌（彩图6-2）是一种软体动物，它也是水蛭最喜爱的活饵料之一。在清明节前后，剖开河蚌时，就可以看到河蚌里会有许多大大小小的水蛭（彩图6-3），因此在人工养殖水蛭时，一定要保证充足的河蚌供应，可以大规模地培养水蛭的好食物。

河蚌生长较快，适应环境能力强，行底栖生活，常群集生活在湖泊、江河、水库、池塘等浅水泥沙区，以滤食小型浮游植物和有机物碎屑为生，能高密度人工养殖。

1. 河蚌的生活习性

河蚌栖息于土质柔软的淡水河流、湖泊，喜食微小动物残体、细菌和腐屑，平时将整个壳体埋藏在池底淤泥中，只将吸管伸在水中进行呼吸，同时也利用吸管进行摄食。爬行时，借助斧足肌的收缩而缓缓前进，同时也利用进出水管喷水时的压力驱动躯体前进。当环境恶化或遇到敌害时，整个身体便缩回壳内，紧闭双壳。

河蚌是雌雄异体，体外受精，受精卵在河蚌的鳃瓣上发育成为钩介幼虫。钩介幼虫一定要以其他鱼作为寄主，最好是无鳞鱼，如黄颡鱼（图6-1）、鳑鲏等就是最好的寄主，钩介幼虫需要在寄主身上吸取营养并发育一段时间，最后再从寄主身上脱落，在水体中进入成蚌的生长发育。

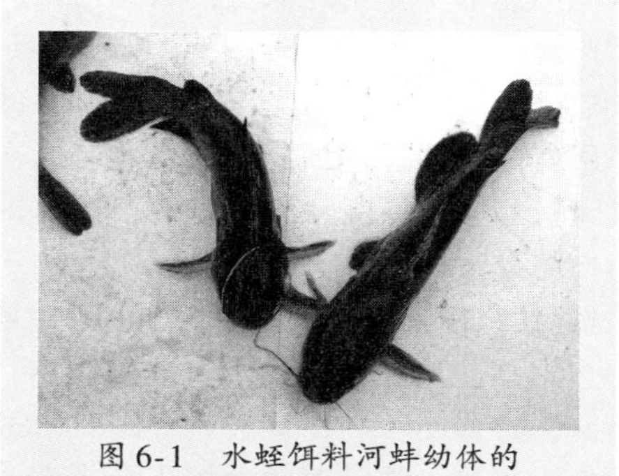

图6-1　水蛭饵料河蚌幼体的寄主——黄颡鱼

2. 培育池的建造

河蚌培育池应建在水源排灌方便、水质无污染，特别是无农药和化肥污染的池塘里，池塘底质淤泥较少，腐殖质不宜过多，面积以1～3亩为好，水深以0.8～1.2m为佳，另外还要建造1～2个幼蚌培育池和亲蚌培育池。

3. 亲蚌的来源及繁殖

人工养殖用的河蚌最好是从江河中人工捕捞的成熟河蚌，应选择3～6龄、健康肥满无病、斧足肥壮饱满、贝壳厚、闭壳力强且光泽鲜艳呈青蓝色的河蚌作为亲蚌，一般雄雌按2:1的比例投放。数量可多可少，一只河蚌每次可产钩介幼虫40万只左右。

亲蚌放于土池中专门培育，培育池面积最好在$2000m^2$以上，水深为1.5m，池底淤泥厚度适中。养殖水层含氧量为4.0～8.0mg/L，pH为6.5～8.0，饵料生物量为10～20mg/L。水质不宜过肥，以免雌性生殖细胞因缺氧发育不良或发生性逆转。若用小面积水域培育亲蚌，必须具有缓流条件。

亲蚌培育工作应从秋季开始，主要投喂一些鱼粉、屠宰下脚料等优质饵料，要定时注、排池水，适时繁殖饵料生物，促进亲蚌生殖腺的发育、成熟。河蚌交配繁殖后，精卵在水中浮游时相互融合并发育成为受精卵，河蚌的受精卵在水中发育成为钩介幼虫后，需要寄生在鱼体上发育。

4. 寄生鱼的准备

钩介幼虫在母蚌外鳃瓣上发育成熟后，具有足丝和钩，能够寄生在鱼体上，也必须寄生在鱼体上才能完成变态过程，成为幼蚌。因此，在钩介幼虫即将脱膜而出时，就要用适当的鱼作寄主，将钩介幼虫寄生在鱼体上。

寄生鱼效果最好的当属黄颡鱼和鳑鲏，但是从来源和经济角度考虑，鲢鱼、鳙鱼、草鱼、鲤鱼均能采到钩介幼虫，通常是用性情温顺的鳙鱼和草鱼作为寄生鱼，规格以每尾4cm左右就可以了，要求寄生鱼的体质健康，才能耐受较多钩介幼虫的寄生，每只亲蚌需200～300尾鳙鱼作为寄生鱼。

5. 幼体的培育

当大量的钩介幼虫从寄生鱼身体上脱落后，就要对它们进行专

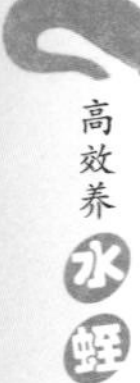

门的幼体培育了。幼体培育池最好用水泥池，规格以5m×3m×1m为宜，水深控制在0.6m为佳，在池中投放一些水花生、浮萍等水生植物，以供幼蚌栖息用，也可为它们诱集部分天然饵料。日常管理主要是加强水质、水位的控制，要求水质清新，绝对不能施放农药和化肥，投饵主要以煮熟后磨碎的鱼糜为佳，伴以部分黄豆。

6. 成蚌的养殖

养殖池的建设：河蚌养殖池不宜太大，一般以3~5亩为宜，进排水方便，池底不能有太多的淤泥，水色不能太肥，否则易引起河蚌死亡，水深保持在1m左右。

投放密度：一般第一年饲养河蚌时，每亩可放苗种150kg，幼蚌种苗的规格为800~3000个/kg。

投饵与管理：在池塘中养殖时，应及时投饵，通常投喂豆粉、麦麸或米糠，也可施鸡粪和其他农家肥料。有条件的地方在放养初期可投喂部分煮熟并制成糜状的屠宰下脚料，以增强苗种的体质。日常管理主要是池塘中不能注入农药和化肥水，也不宜在池塘中洗衣服，这最容易导致河蚌大批量死亡。

及时增氧：河蚌是一种高氧动物，虽然它可以忍耐短时间的水体溶氧不足，但它绝对挺不过长期的缺氧环境饲养。所以河蚌的饲养密度要适宜，不能太高，如果发现水体变黑或出现其他异常情况，要及时增加氧气，确保河蚌的安全。

生长：在饲养条件良好的情况下，河蚌生长发育较快，饲养一个月可增重至原先的4~5倍。

第二节　饵料的准备

除了前文所讲述的培育天然活饵料提供给水蛭摄食外，还需要我们尽可能地准备一些常用的而且有一定来源保证的饵料，以满足水蛭的生长发育所需。

一 吸血类水蛭饵料的准备

1. 血液的采集

对于吸血类水蛭来说，为它们提供的最好饵料就是畜禽的血液，

这些血液还是比较方便易得的。在各地定点的畜禽屠宰场中，和屠宰场的老板商量好，让他们在屠宰畜禽时，用桶或盆等器皿将血液收集好，要注意的是：一要选择健康无病的畜禽作为血液来源，二是在血液收集好后不能添加任何防腐剂和抗凝剂，让血液在自然状态下慢慢凝固就可以了。一般来说，当天收集的血液最好当天用完，不要放在第二天继续投喂，这是保证水蛭健康生长的关键技术措施之一。

如果使用人工配方饵料，投喂前就要根据当时的配方要求将各种饵料配比好备用。由于投喂水蛭是一项技术活，也不是一项比较烦琐的体力活，因此，一般按每人每次30kg血液的工作量来安排人手进行投喂和管理。

【提示】 血液要新鲜、干净、卫生，这是健康养殖水蛭的重要环节。

2. 鲜小肠

为了方便投喂，在投喂水蛭时，可将血液灌装好再来投喂，通常可采用牛、羊、猪的十二指肠（也就是人们通常所说的小肠）来灌装畜禽血液。如果是用新鲜的小肠，就需要在前一天把它买好，要先进行初步处理后才能用来灌装血液。加工的方法是用薄薄的刀片将小肠表面的脂肪和肠管里的内容物（含动物粪便等污物）除去，注意动作要轻缓，不能将小肠戳破，接着再剥去小肠的外层黏膜，也就是肠系膜和浆膜，待一切处理干净后，将小肠裁剪成数段，每段长约65cm就可以了，再一次将剪好的小段用清水清洗干净，就可以用了。如果一次处理的比较多，为了方便以后使用，可将处理干净的小肠放在4～8℃的保鲜箱内储存备用，注意不要用冰冻模式进行储存。根据每天的血液量，可按肠、血为1:（4～5）的比例来准备好新鲜的小肠，按每人每天可整理35kg的工作量来安排人员。根据经验，新鲜的小肠灌装血液量的多少也是有讲究的，它与小肠表面的脂肪、小肠里的内容物、肠壁的厚薄有关。由于小肠前端的一段比较厚，水蛭在吸吮血液时并不方便，建议不要采用，在购买新鲜小肠时可以选择人们并不太爱吃的、体壁较薄的后肠部位。

3. 人工肠衣

人工肠衣就是每到逢年过节时专门用于做腊肠的肠衣，这种原材料的种类比较多，有使用家畜如猪、牛、羊等的小肠或大肠，经过前文所介绍的方法处理干净后所得到的猪肠衣、牛肠衣、羊肠衣等。也有使用化学原料制作出来的胶原肠衣、纤维素肠衣、塑料肠衣等。

在选用时，要注意尽量不使用用化学原料制作出来的肠衣，而是用家畜鲜肠制作出来的肠衣。如果手中一时没有家畜肠衣，而急需投喂时，也可以选用化学原料制作的肠衣，但是要注意选用超薄的且没有作穿孔处理的肠衣。这些人工肠衣在灌装血液之前，先要放在2%的醋酸水里浸泡10h，然后再用清水清洗干净后才能使用。

二 非吸血类水蛭饵料的准备

非吸血类水蛭的主要饵料是螺、蚬、蚌、贝壳、蜗牛等软体动物，这些动物来源比较方便，而且饲养起来也比较简单，因此可预先在养殖场所内进行培育，也可在养殖场所外面进行人工采集或人工收购。在养殖池塘投入水蛭后，投喂时有两种方式，一种是一次性将螺、蚬、蚌、贝壳、蜗牛等软体动物投入到池塘里供水蛭慢慢摄食；另一种是根据水蛭的生长发育情况，定期地按比例补充这些软体动物进行投喂。

三 饵料的加工处理

采集回来的各种饵料并不是都能马上就可以投喂在池塘里的，有的还需要进行简单的处理后方可投喂，不同的饵料，它们的加工方法也有一定的区别。

1. 畜禽血液的处理

在血液灌装前要对采集回来的血液进行适当的处理，因为从屠宰场里运回来的血液，早就已经凝固了，这时可用手或者借助机械将这些凝固的血块团打碎，加入25%左右的干净水，制成悬浮状血浆（彩图6-4）。

为什么先要这样处理呢？这是因为这些没有经过任何处理的血凝块放在水里，让水蛭进行吸食时，水蛭吸进去的液体主要是血水

（也称血清），这种血水里的水分含量高达90%以上，长期这样投喂的结果是：一是会造成水蛭身体的营养不良，达不到生长发育所需的能量要求；二是会造成血液资源的大量浪费，加大投喂成本；三是那些没有被水蛭吸食的血液会溶失在水里，会造成池塘里水质的败坏，甚至会导致水蛭死亡。

因此，在规模养殖时，养殖场里一定要配备胶磨机，能随时将血凝块制成浆液。另外，还要注意的是，在制作处理血液的过程中，一定要在血液中加入15%～20%的含有微生态制剂的溶液进行稀释血液。这样做的目的是为了防止贪食的水蛭在吸食时因过量采食而导致死亡，另外，加入微生态制剂还可以增强水蛭的消化机能，加快食物的消化和养分的吸收。通过对血液的处理，利用水蛭边摄食血液边将饵料中过多水分及时排出体外的特性，可以有效地避免水蛭因采食而导致死亡的现象。

2. 灌装血浆的技巧

为了提高血液的利用率和保证水蛭能集中摄食，需要在投喂前将已经处理好的血浆灌装到鱼肠或肠衣内，用包装塑料绳子进行分段扎紧，一般每段长15cm左右。如果一次灌装的量比较多，一天内喂不完，可以放入冰箱里进行冷藏保存处理。在以后需要投喂时，应事先采用缓慢解冻的方法将血浆肠衣进行解冻，一定要等到解冻好的灌装血浆温度与饲养池里的水温相近时，方可投喂，最大温差不要超过3℃。分段扎紧的目的是更好地利用血浆，防止某一段被水蛭吸吮时被咬穿，这可能会导致水蛭离开肠衣时，肠管内的解冻好的血浆会白白地流出来造成浪费，同时也是为了使池塘的水质保持较佳水平的技术措施。当仲春或仲秋时，水温并不是太高，水蛭的食欲不是很强，就要缩短分扎的长度。

3. 软体动物的处理

水蛭是可以直接利用一些软体动物的幼体的，河蚌是水蛭最喜爱的寄生软体动物之一，在剖开河蚌时，往往可见里面有许多或大或小的水蛭。而对于那些成体来说，如田螺和蚬贝等，由于它们包裹一层坚硬的甲壳，在投喂时，为了让非吸血类水蛭能够快速采食到这些软体动物的体液，这时就需要对外壳进行破碎处理。通常是

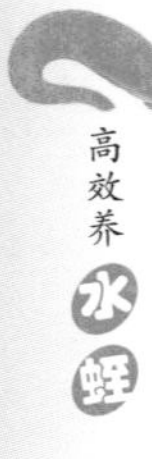

用木棒或其他锤器轻轻地将外壳击破即可，力度要适中，既要能使这些坚硬的外壳破裂出现间隙或孔隙，又不能过度伤害软体部分，从而造成这些软体动物过快地死亡。因为活着或垂死的软体动物仍然保留着它们应有的新鲜度，从而能激发水蛭的食欲。

第三节　饵料的科学投喂

"长嘴就要吃"，水蛭也不例外，但是如何吃才是最好的，才能吃出最佳成效，这就是饵料的投喂技巧。饵料的投喂，应根据天然饵料的生长规律及水蛭的摄食习性，合理选择饵料投喂方法，采用科学喂养的技术，使水蛭吃饱吃好，生长迅速，以提高饵料的利用率，降低饲养成本，从而增加经济效益。在水蛭的投喂过程中一定要牢记"四定三看"的原则。

一　饵料台的设置

水蛭虽然生活在水中的时间多，但是它与鱼在摄食上有着明显的区别。鱼吃食时可以一口将饵料特别是适口的颗粒饵料一口吞下，而水蛭却不能直接进行吞食，它是采取吸吮的方式来取食的，因此用喂鱼的方法来喂水蛭显然是行不通的。

在投喂时，为了防止饵料的散失，必须设置一个特制的饵料台。饵料台没有特别的讲究，可以因地制宜，采取家里来源方便且选材简单的材料制作，可以用木条制成木框式的饵料台，可以用塑料盒制成饵料台，也可用芦苇、竹皮、柳条和荆条等编织成圆形饵料台。每个池塘可以多设置几个饵料台，每个饵料台的面积以 $1m^2$ 大小为宜，目前最常见的就是用1cm见方的木条钉成一个木框，再把塑料窗纱钉好就做成了一个简易的饵料台。为了防止其他动物对水蛭摄食时的影响，可以在饵料台四周设置护栏网，栏网的大小以水蛭收缩身躯能进出自由为度，而其他动物如鱼、蛙等不能进入。

当饵料台做好后，用木桩将饵料台固定在水中，保持饵料台沉入水中约5cm就可以了。在投喂饵料时，先将饵料用池塘的水搅拌均匀后，捏成一个个的团状，然后轻轻地把它们放在饵料台上就可以了。如果是特制的颗粒状饲料，可以直接把它们放在饵料台上，让它们慢慢地沉到饵料台上；如果是粉状的饵料，千万不能将干粉饵料直接放在饵料台上，以防饵料漂走而沉落在水底。

【提示】 设置饵料台，一是方便投喂，二是便于检查水蛭的吃食情况，三是可以通过吃食情况来判断水蛭的生长情况，四是便于将没吃完的饵料及时收回，以防止水质恶化。

二 "四定"投喂技巧

在池塘里饲养水蛭，在蛭苗下塘后两天内不投饵料，等水蛭苗种适应池塘环境后再投饵料。水蛭饵料的投喂，要坚持"四定"的原则。

1. 定时

待水蛭尤其是吸血类水蛭集群到饵料台上摄食后，在投喂时就要立足于"早"字，也就是要抢季节、抢时间、抢天气，尽可能地人为延长水蛭的生长期。因此，在春暖花开，温度逐渐回升的时候，要做到早回水、早准备、早投料。在天气正常的情况下，每天投喂饵料的时间应相对地固定，一般情况下，日投喂 2 次较为合适，8：00 ~9：00 和 16：00 ~ 17：00 各投喂一次。在水蛭生长的高峰季节，如果条件许可时，加上水蛭的养殖密度比较大，20：00 ~21：00 可以适当考虑投喂第三次，以促进水蛭的快速生长。冬季在日光温室中饲养的，最好在中午温度较高时投喂，长期坚持定时投饵料，可使水蛭养成定时摄食的好习惯。

【提示】 定时投喂也是相对的，随着季节的变化，相对固定的时间也是有一定变化的。

2. 定质

从外界环境中取得的水蛭直接饵料要保证新鲜、安全卫生、适口、清洁，禁止饲喂霉变的饵料。间接饵料也要清洁、干净，各种营养成分含量合理，不能投喂腐败变质的饲料，同时要注意饵料的多样性，以适应不同种群水蛭直接天然饵料动物的吸食。发霉、腐败变质的饲料不仅营养成分流失，失去投喂的意义，当水蛭摄食后，

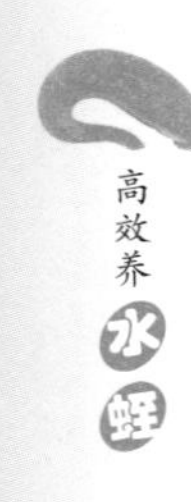

还会引发疾病及其他不良影响。

3. 定量

每天投喂的饲料量一定要做到均衡适量、相对固定，防止过多或过少，以免水蛭饥饿失常，影响消化和生长，日投饵料量一般可掌握在水蛭实际存栏重量的1%左右，而每亩养殖池的水蛭实际存栏重量一般为20～40kg。在投饵时还要根据水蛭的吸食情况、天气变化、水质情况、水温的高低灵活掌握。当池塘水温高于30℃或低于10℃时，要相应减少日投饲量或停止投饲；在生长的高峰季节，要结合每天检查饵料台的情况，科学地确定每天的投喂量。其中傍晚的投喂量应占到全天投喂量的50%～60%。在坚持定量投喂的基础上，适度掌握，如发现有剩余饵料，则应减少投放量，对降低饲料的消耗（浪费）、提高饲料消化率、减少对水质污染、减轻水蛭疾病和促进水蛭正常生长都有良好的效果。

4. 定点

投放饵料的地点要固定，使水蛭养成定点摄食的习惯，这个固定的地点实际上就是饵料台的地点。一般以50m^2的养殖池设1～2个饵料台为宜，也可根据养殖密度具体确定，饵料台最好设在池的中间或对角处，既便于水蛭的集中和分散，又便于清理残余饵料(彩图6-5)。

一旦在饵料台上投喂后，就一定要记住在以后的每次投喂时，要将饵料投喂到搭设好的饵料台上，不能随意投放，避免浪费，同时也能避免水蛭由于不能定时定点找到食物而影响它的生长。

定点投喂的好处是：一是将饲料均匀投撒在饵料台上，便于水蛭集群摄食；二是投放的饲料不会到处飘散，避免造成浪费；三是投喂的饲料不可堆积，要均匀地撒开在食场范围内，能确保水蛭均匀摄食；四是便于检查和确定水蛭的摄食和生长情况；五是当池塘中的水蛭需要投喂药饵时，能使水蛭集群均匀摄食，提高药效。

三 “三看”投喂技巧

在给水蛭投饵时，可以通过眼睛观察池塘的表面现象，判断实际的投饵量是否合适，这就需要经验和技巧。

一看吃食时间的长短：投喂后1.5h内吃完为正常，不到1h就

吃完表明投喂量不足，还有一部分水蛭没有吃饱，应适当增加投喂量。如延长到2h还未吃完，而水蛭群已离开食场，表明饱食有余，下次投喂可适量减少。

二看水蛭生长大小：4～5月，水蛭开食后食量逐渐增加，在一周或一旬的投喂计划中，要观察周初与周末或旬初与旬末的变化。如果投喂量不变，而到周末或旬末时，在半小时内就吃完，表明水蛭的个体体重增加了，群体的吃食量大了，还有一些水蛭并没有吃饱，这时就要适当增加喂量。

三看水面动静：吃饱后的水蛭一般都沉到浅水处的水底，如果天气正常，在投食后水蛭没有明显的生病征兆而在水面上频繁活动时，就是没有吃饱的表现，要立即投食。

四 投喂管理

在对水蛭进行投喂的过程中，一定要加强管理，重点要做好以下几点：

首先是投喂水蛭喜欢的食物。水蛭虽然是以脊椎动物的血液为主食，但也需要一些其他食物，如植物、腐殖质等。如果投喂了它们喜食的饵料，对水蛭本身就有诱食作用，可以促进它们的食欲，表现为争抢食物，食量变大，活动量增大。如果投入的是它们不喜欢的食物，它们便会产生排斥作用，甚至不会取食。

其次是在水蛭的不同生长发育阶段，它们对食物的要求是不一样的，对蛋白质含量要求也是不同的。因此，要同时准备好不同生长阶段的适口饵料，不要采取一种饲料配方包养所有的水蛭的现象。

再次就是对食场要定期消毒，可用漂白粉或生石灰化浆后泼洒在饵料台周围，一个月左右可以将饵料台慢慢地向一侧迁移5～10m，并对原饵料台进行消毒，过一段时间再迁移回来。

最后就是投喂时要加强观察水蛭吸食的变化，发现问题及时解决，重点可以观察四个方面：所投的饵料有没有气味，有没有迅速招引水蛭前来捕食；饵料的营养成分是不是合理，饲料配方是不是科学，投喂的饵料对水蛭的生长发育有没有促进作用；保管的饲料有没有出现霉变现象；水蛭在吃食时有没有异常情况，在换水时或引水时有没有毒源进入，有没有对水蛭的生长造成影响等。

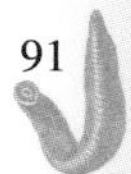

第七章 水蛭的养殖

我国人工养殖水蛭起步于20世纪80年代后期，但当时缺乏对水蛭的生态学和生物知识的研究，因而养殖效益不是太显著。自1990年以后，人们对水蛭的生活习惯、食性、生殖、生态等进行了较全面系统的研究观察，初步解决了人工养殖的食料、生长发育环境和冬眠等一系列问题，使水蛭养殖有了初步的发展。

养活水蛭并不难，要养出好效益却不易。水蛭原本生活在自然环境中，人工养殖时，若小环境、小气候不予配合，生长必将受阻。缸养、小池水体养殖很难形成效益。水蛭有自己的固有习性，在驯化工作刚开始，其野生习性还无法改变。水蛭对化肥、农药、盐、碱、酸、水温、溶氧及天气的骤变等很敏感，任何不适都会引起逃逸，逃不掉时，也只能勉强生存。

第一节 养殖前的准备工作

搞养殖毕竟是一种投资行为，是和金钱打交道的，一旦投资不慎，就有可能亏本，甚至会血本无归，更何况水蛭养殖是一项新兴的特种产业，过去缺乏这方面的实践经验和技术。因此在投资养殖前一定要做好各方面的充分准备，不打无把握之仗，确保养殖顺利成功。

养殖水蛭需要做好的准备工作主要包括以下几方面，任何一方面都不能马虎。

一 知识储备工作

许多养殖户只有亲身养殖实践过，才清醒地认识到养殖技术的重要性，水蛭养殖确实并不是一件很容易的事。大家可以想象一下，如果没有掌握核心技术，就能轻易养出高产量，那么水蛭就遍地泛滥了，市场也就饱和了，也就没有什么很高的经济效益了。因此，对水蛭知识的储备是非常重要的。具体地来说，养殖水蛭前需要储备的知识包括以下几点：

1. 了解水蛭的基本习性，努力营造合适的养殖环境

计划从事水蛭养殖业的人员，在养殖前先要好好学习水蛭的基础知识，了解水蛭的生活习性，包括它所需的温度、湿度、溶解氧、酸碱度等。然后根据这些水蛭的习性，再结合本地的自然资源，努力营造合适的养殖环境，确保水蛭养殖成功。

2. 积极参加学习培训，掌握基本的养殖技术

当今是一个科技创造财富的时代，如果没有掌握水蛭人工饲养管理技术去开展人工养殖，那是一种盲目性投资。因此，计划从事水蛭养殖业的人员，在了解水蛭的基本习性的基础上，最好参加学习培训，掌握养殖水蛭的一些基本技术，比如苗种的繁育、成蛭的养殖、幼蛭的强化管理、饵料的投喂技巧等，然后到养殖场实地参观学习，学习并借鉴别人成功的经验。经过自己深入的调查研究，然后再动手养殖，尽量避免盲目性，少走弯路，减少不必要的经济损失。

3. 要掌握的关键性技术

我们在养殖过程中发现，要想真正全面掌握水蛭饲养管理操作技术，只有自己亲力亲为，不断从实践中摸索，重点要掌握以下关键性技术：一是水蛭交配需多长时间完成；二是水蛭产茧期多少天完成，产茧间隔时间为几小时，幼苗出茧下水的最佳时间是多久；三是水蛭蜕皮时间多少天为一个周期；四是五龄以下幼蛭如何饲养管理，五龄以上青年蛭又该如何饲养管理；五是幼苗群居在一起不取食时，如何将它们安全分流，从而保证都能吃到食物；六是卵茧孵化土的中性、碱性、酸性和肥度含水率该多少比例；七是各龄蛭类在不同季节应采用什么样的水质和肥度要求；八是幼苗精养技巧有哪些，分级管理的分池时间如何掌握；九是水蛭吸取一颗螺蛳需

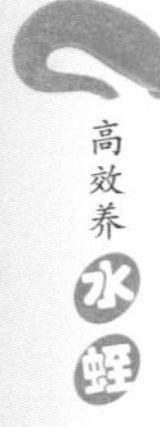

多少时间完成，每天吸取多少颗；十是越冬前如何做好水蛭饲养、采收、配土、保湿保暖等重要工作；十一是夏、秋季节水蛭伤亡的主要原因是什么，冬眠期间水蛭为什么会死；十二是在培育池水时，池内出现杂虫如何提前预防与清理；十三是如何采用生物消毒的方法来达到防病治病的目的；十四是当种蛭购来放池养殖后，为什么会出现伤亡不断，这种状况一直维持到产茧期结束后，而池内的种蛭几乎没有成活的；十五是经过越冬留种后的水蛭，虽然安全度过冬天，但是在开春后下水几乎全军覆灭，是什么原因造成的。

【提示】 知识就是生产力，不掌握水蛭的基础知识和养殖的关键技术，一味蛮干，只能是浪费时间和资金。

二 市场调研工作

1. 了解水蛭的收购市场

水蛭作为一种特种药用水产动物，在医学上具有多种药用功能，入药可治疗多种疾病。现在山西、陕西、河北、河南、黑龙江、吉林、广东、香港等地制药厂大量使用水蛭生产的欣复康溶胶囊、速溶治栓汤、韩氏瘫速康、活血通脉胶囊、逐瘀活血胶囊、舒血通注射液等治疗心脑血管类疾病的成药，主要成分之一就是水蛭素，因此，水蛭的市场主要是医药领域，它的销量并非一些报道的产量有大幅度的增加。所以，在养殖前必须全面了解水蛭养殖的基本情况和市场需求动态，做到销售有渠道，从而获得较为理想的经济效益和社会效益。

在了解收购市场时，重点要了解这些内容：市场的容量有多大，市场的收购价格是多少，商品如何分级及分级的价格如何，如何进行水蛭的初加工，鲜水蛭和初加工的水蛭价格是多少，收购商有哪些，收购商的信誉度如何等。

2. 了解水蛭的养殖市场

水蛭在近 20 年的历史行情中，价格上涨了十几倍，尤其近几年水蛭价格多有波动，其中不乏人为炒作的因素。因此，在养殖前不但要了解水蛭的收购市场，还要了解它的养殖市场，一定要了解现在是供大于求还是供不应求。如果确实是供不应求，全国的养殖市场还有很大的缺口时，就可以大胆养殖；如果市场已经趋于饱和甚至养殖的产量已经大于需求时，最好还是好好考虑一下投资的必要性和风险性了。

【警告】>>>>

市场是一只无形的大手，最终的产品都是通过市场来检验的，不了解市场的动态，只有一个结果，那就是丰产不丰收。

三 风险意识准备

任何一种养殖业都是一种投资，有投资就有风险。水蛭作为一种新兴的特种养殖品种，它也有一定的风险，尤其是在高密度养殖条件下，更是存在着相当大的风险，除了技术上的风险、市场上的风险，还有自然灾害和气候条件等带来的风险，因此，养殖前要有足够的思想准备，要有抗衡经济风险的能力，需量力而行。

因此，建议初养的养殖户可以采取步步为营的方式，水蛭养殖投资从小到大，稳中求实，用自培自育的苗种来养殖，慢慢扩大养殖面积，可以有效地减少损失。

四 种源保障工作

种源是养殖的基础，没有好的种源，水蛭的养殖也就无从谈起。因此，在养殖前还要做好种源的保障工作。

1. 掌握种源的途径

目前水蛭的种源既可以野外采集也可以到养殖场购买。对于野外资源比较多的地方，可以考虑就地捕捉，再通过模拟自然生态环境和人工驯养相结合的方法将捕捉来的水蛭进行驯化，让它们逐步适应人工养殖的环境，从而解决苗种的来源。当然，在野外采集时，一定要注意品种的选择，因为水蛭有许多种，但真正具有养殖效益的也就是几种，在采集时要仔细辨认，防止品种混杂导致互相影响以及没有经济价值的水蛭混入。目前市场上出售的种水蛭，质量差异较大，养殖户在购买时要慎重选择，一定要到信誉度好的养殖场

购买，最好是就近购买，或到纬度基本一致、环境气候相似的正规养殖场购买，这样的种源质量相对是有保障的。

2. 不要落入炒种的陷阱

从事水蛭养殖前，要实地考察具有科技含量的养殖示范基地，对一些以养殖为名、炒作种源为实的所谓大型养殖场（公司），要加以甄别，不要落入炒种者的圈套中。现在有些人推荐的一些所谓的新品种是不可信的，因为具有养殖效益的水蛭种源也就那么几种。

3. 不要轻信小广告

在购买苗种时，不要轻易相信一些小广告。有的小广告竟然宣称水蛭一年能长几十克，一年可以繁育好几次，每次能孵化近百条幼蛭，当年投资当年就能收回成本，这基本上就是骗人的，与水蛭的正常生长发育的生理特征都不相符，怎么可能一年繁育那么多呢？遇到这种小广告时，不要轻易上当。

4. 不可忽略生态环境的差异性

对于水蛭来说，也有地域之分，所以最好不要盲目异地引种。如果确实需要进行异地购种时，必须掌握所要引种的水蛭在当地的养殖气候、生态环境以及适宜饵料等方面的情况，同时要掌握如何快速驯养水蛭尽快适应新环境的技巧，否则就会因不适应环境的变化而造成大批量的死亡，从而造成引种的失败。

【提示】 选购苗种时切忌在经销商处购买，这是因为经销商手里的水蛭不是优质苗种，不是从养殖场直接采购的，囤养期过长，大小不一且规格杂乱，这种苗种购买回家，只有一个结果，那就是死亡！那么经销商处的水蛭是从哪里来的呢？根据我们的调查，他们手里的水蛭是抓捕人员从野外零星捕捉，然后以“积少成多”的方式收购回来的。这些水蛭到达经销商手里时，已经不知道转过几手了，也不知道捕捉后囤养多久了，为了方便管理，捕捉人员往往将它们都混杂在一起，时间一长，就会造成损伤病残者居多，放养到池塘里后的发病率较高，成活率较低，容易造成大量死亡。

五 饵料储备工作

和所有的动物一样，养殖水蛭需要投喂，那么饵料的成本就是很大的一笔开支。对于养殖水蛭数量少的一般养殖户来说，可以充分利用周边现有的自然资源，基本上花很少的钱或不用花钱就能解决大部分饵料，但是大型的水蛭养殖场一定要考虑养殖水蛭食用的活食，或准备动物血液或配制好的颗粒饵等，这些饵料的储备是必需的，一定要在养殖之前就要考虑好。

六 资金筹备工作

养殖水蛭说起来容易做起来难。有人说得很简单，就是弄几亩地、做一些防逃设施就可以了，种蛭可以不买或少量购买，这个东西咱们农村多的是，花不了几个钱，这种观点是错误的。真正的水蛭养殖，投入的资金还是比较大的，少的也要几千元，多的几万元甚至达到几十万元，因此在养殖水蛭之前，如何筹集这些资金也是一个重要的准备工作。

1. 投资预算

为了确保资金的合理运用，在水蛭养殖投资前，有必要对投资和经营做个预先的概算。对于一个初次从事水蛭养殖的人来说，他的投资应该包括以下几个方面：养殖场所的租赁费用、基本养殖设施的购置费用、苗种购买的费用、员工工资、饲料储备的费用和其他一些正常经营管理费用，如水电、运输、药品等的购买费用等。对于这些费用的大概情况必须先做个预算，做到心中有数，千万不能有钱了就一股脑儿花出去，没钱了连饲料也不买了，如果这样子搞养殖的话，那么只有一个结局——亏本！

> 【提示】 在水蛭养殖投资前，一定要将养殖规模控制在自己可以掌握的范围内，切实保证在自己经济预算的范围内，千万不可一味地贪大，资金不足时到处借款，最后就可能导致资金来源不畅，甚至资金链断裂，从而导致投资失败。

2. 资金筹集

开办水蛭养殖场是需要资金的，对于一些刚刚创业的农民兄弟

来说，这些钱还是比较多的，往往会超出他们所能承担的数额，因此，有效地进行资金筹集就显得很重要了。

根据我们的调查了解，目前开办水蛭养殖场的资金筹集方式有以下几种：一种是拿出自己多年的积蓄，这可能要占到50%以上比较合理，经营的风险才相对较小，千万不能手中一分钱没有就要养水蛭；第二种就是向自己的亲朋好友借款，一般来说，感情不是特别浓厚的亲戚朋友很难借到更多的款项；第三种是通过入股分红的方式进行资金筹集，可将水蛭养殖场的经营成本分成若干股，由朋友、亲戚或社会上的人来认购股份，这对吸引民间游资还是有帮助的，但是你必须说服他们，让他们有理由相信你这个水蛭养殖项目是有利可图的；第四种就是向信用社或银行进行贷款，可以利用政府对农民创业的支持政策，通过银行实现低息贷款、小额贷款甚至是无息贷款。银行贷款的形式有个人保证贷款、个人抵押贷款、个人质押贷款和个人创业贷款等，要根据自己的实际情况申请最合适的贷款方式。

第二节　养殖场地的选择与处理

水蛭养殖场的规划与建设关系到投资和经营成果，是件基础性工作，可以这样说，选好合适的饲养场地，是建好养殖场、养好水蛭的重要工作，选择了一个好的养殖场地是养殖成功的基础。而养殖场的位置选择也是非常有学问的，可能会直接影响到水蛭的生长与发育，因此在选择地址时要考虑到面积、地势、水源、排灌、水质、饵料、交通、土质、电源、排污与环保等诸多方面，需周密计划，事先勘察，细心测评，才能选好场址。

一　场址选择的原则

和水产养殖一样，水蛭养殖场址选择的总体原则是选择在水源充足、注排水方便、水质清新无污染、交通方便的地方建造养殖池，这样既便于注、排水，也方便苗种、饲料和商品水蛭的运输。

二　地形

水蛭的养殖场所可以选择自然的池塘、沟渠、荒地、老厂房、房前屋后空余场地，地形的选择应以避风向阳为好，因为这样的地形是有利于水蛭养殖的，在春、秋季节可增加光照时间，提高水体的温度，从而延长水蛭的生长期，也就是说水蛭可以有更多的时间摄食、生长。另一方面，这样的地理位置在冬季是可以防风抗寒的，能保证水蛭安全越冬。在夏季高温季节，由于避风的天然条件，既可以有效地预防酷暑，又可以增加动植物的活体数量，为水蛭提供充足的饵料。

三 环境

在选择水蛭的养殖场时，一定要注意环境的优良和相对安静，最好没有振动、清静的地方更佳（图 7-1）。这是从水蛭的生活习性和要求来考虑的，水蛭具有水生性、野生性、变温性和特殊的食性。当它们在摄食和产卵时，一定要保持安静，因为噪声尤其是振动对水蛭的生长不利。当它们在吃食时如果受到惊吓，会立即停止摄食甚至几天都没有食欲。而当它们在交配时如果受到惊吓，它们会立即中止交配行为，导致水蛭的繁殖行为失败。当它们在产出卵茧时，如果受到惊吓，它们会立即中止产卵，同时不再理会刚产下的卵茧，导致卵茧不再孵化。

图 7-1　水蛭养殖环境要安静

所以，在选择场址时，要求选择温暖、安静、动植物繁多的场

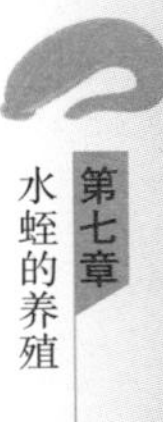

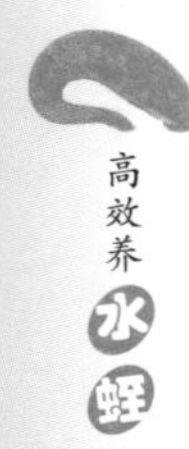

所，避开车辆来往频繁的交通沿线和有噪声、振动的飞机场、工厂、矿区等地区，保证水蛭既有舒适的生活环境，又能健康地生长发育。

四 养殖池的建造方式

养殖池在建造时可依据当地的地形地势，因势利导，因地制宜，采取多种多样的方法。就精养水蛭来说，可以将养殖池建设成为三种方式，即池塘式、水沟式和中岛式。具体的建造方式如图 7-2 所示。

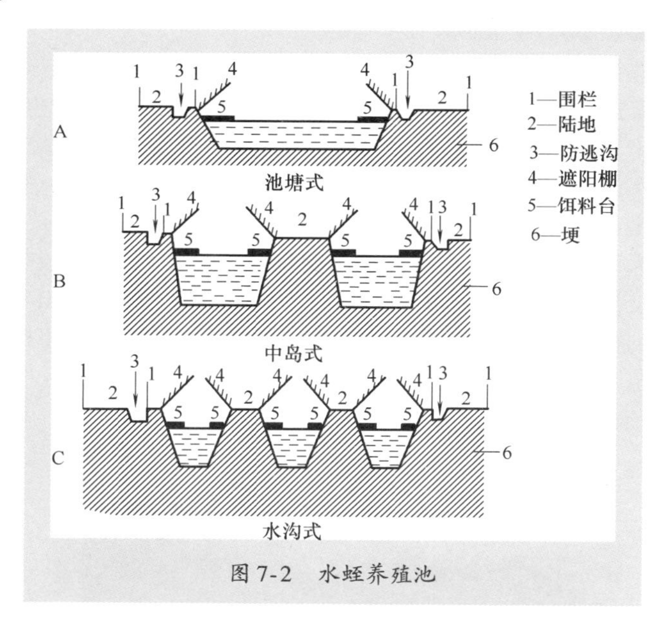

图 7-2 水蛭养殖池

还有两种并不常用的养殖池，一种就是垄沟式养殖池，另一种就是回字形养殖池，这两种养殖池的共同点就是水陆交叉进行，缺点就是不易捕捞（图 7-3、图 7-4）。

水蛭养殖池池形整齐，最好向阳、长方形、东西走向。这种养殖池水温易升高，浮游植物的光合作用较强，浮游植物繁殖旺盛，因此，对水蛭的间接饵料和水蛭本身的生长有利。

图 7-3　垄沟式土池养殖水蛭

图 7-4　回字形养殖池

五 面积

水蛭养殖池的面积没有具体规定，小的几平方米，大的可以达到数亩，一般以 1 亩为宜，最大不超过 3 亩，这样大小面积的饲养池既可以给水蛭提供相当大的活动空间，也可以稳定水质，不容易发生突变，更重要的是表层和底层水能借风力作用不断地进行对流、混合，改善下层水的溶氧条件（图 7-5）。如果面积过小，水环境将不太稳定，水温、水质变化难以控制。但是如果面积过大，投喂饵料不易全面照顾到，导致水蛭吃食不匀，影响商品水蛭的整体规格和效益，同时水质肥度较难调节控制。另外，面积较大时，占用堤埂相对比较小，对于喜欢在池塘周边浅水区活动的水蛭来说，生产效率也会降低。

图 7-5　水蛭养殖池的面积要合适

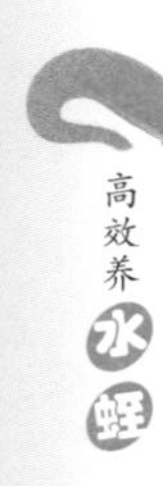

六 水源

规划水蛭养殖场前要先勘探水源，水源是选场址的先决条件。最重要的是水源要充足，在建立养殖场时要考虑该水域在一年内甚至若干年内的水位变化情况，保证做到旱时有水能灌，涝时能排不淹，尤其要防止洪水的冲击，以免造成不应有的损失。每个养殖池的水位应能控制自如，排灌方便。

七 水质

池塘的水质良好是水蛭养殖高产高效的保证，饲养水蛭的池塘要求水质良好，符合养殖用水标准（彩图 7-1）。决定水质质量的理化指标主要有温度、盐度、含氧量、pH、水色和肥度等。水源以无污染的江河水、湖泊水、水库水最好，也可以用自备机井提供水源，要考虑水源流至场地是否被污染，对水蛭是否有毒副作用。严重污染的水域，如出现水颜色反常、浑浊度增大、悬浮物增多、有毒物质增加、发生恶臭等现象，则绝对不能使用。因此在选择养殖场地时，一定要先观察养殖场周边的环境，不要建在化工厂附近，也不要建在有工业污水注入区的附近。

八 进、排水系统

饲养水蛭的池塘要求进、排水方便，对于大面积连片水蛭池的进、排水总渠应分开，按照高灌低排的格局，建好进、排水渠，做到灌得进、排得出，定期对进、排水总渠进行整修消毒。每个池塘的进、排水口应用双层密网防逃，为了防止夏天雨季冲毁堤埂，可以开设一个溢水口，溢水口也用双层密网过滤，防止水蛭乘机顶水逃走。

九 土质

不同种类的土壤，其 pH、含盐种类及数量、含氧量、透水性和含腐殖质程度往往有所差别，将对水生生物的生长带来影响。一般分为砾土、沙土、黏土、壤土和腐殖土 5 个类型。水质较肥，即含有丰富的营养物质，池底土质可用砾土、沙土；水质不肥，即营养物质不丰富，如使用地下水或自来水等，池底土质则应用腐殖土；

如果池底漏水，最底层还应用黏土夯实。因为有裂缝漏水的水蛭养殖池，易形成水流，幼蛭可以顶水流集群，消耗体力，影响摄食和生长。

养殖水体的土质要求具有较好的保水、保肥、保温能力，还要有利于浮游生物的培育和增殖，根据生产的经验，以壤土最好，黏土次之，沙土最劣。根据水蛭的生活习性，我们建议，池底土质应比较坚硬，以砂石或硬质土为好，无渗漏，上面有较肥的有机质。池底淤泥的厚度应在10cm以下。

十 防逃

水蛭的逃逸能力还是很强的，由于水蛭在陆地上的运动能力很特殊，它可以通过爬行来运动，也可以通过尺蠖运动来逃跑，而且它的前后两个吸盘可以牢牢地吸附在其他物体上，有助于水蛭的逃跑，因此防逃设施必不可少。

在生产实践中，人们发明了许多种防止水蛭逃跑的设施，效果也各不相同，这里介绍一种相对来说效果比较好的一种。就是采用水蛭专用防逃网片和硬质塑料薄膜共同防逃，用高60～80cm的水蛭专用防逃网片围在池埂四周，埋入田埂泥土中约15cm，每隔100cm用一木桩固定，在网上内面距顶端10cm处再缝上一条宽25cm的硬质塑料薄膜封闭即可（彩图7-2）。

另外，养殖水蛭池塘的池埂也要加强防逃，可以设置防逃沟，用砖砌成，沟宽12cm、高8cm，下雨时用密网拦住或在沟内撒些石灰，可有效地防止水蛭逃跑。

【提示】 水蛭的逃跑能力特别强，逃跑方式也特别多，在养殖时一定要注意做好防逃设施，许多养殖户就是在防逃方面没有做好而导致养殖失败。

十一 其他要求

一是要求交通方便。既要避开交通主干道，又要交通方便，便于产品和饲料的运输，同时可节省时间，减少交通运输上的费用开支。

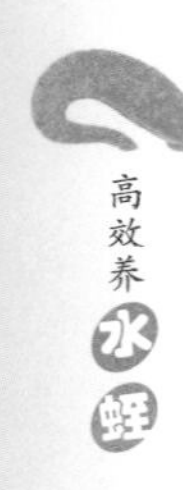

二是距电源近，节省输变电开支。除日常照明外，加工饲料、产品等都需用电，应能保证电力供应稳定，少停电。

三是水蛭养殖场最好靠近饲料的来源地区，尤其是一定要优先考虑活饵料来源地。

第三节 养殖方式

一 养殖方式的种类

水蛭的适应能力很强，不论房前屋后的小池塘、泥坑、庭院，还是在野外的江河、湖泊都可以被充分利用起来进行养殖。

不同的水体利用，就会有不同的养殖方式，因此在生产实践中开发出了许多种水蛭养殖方式。但总的来说，可以将这些养殖方式归纳为两大类，一类是野外粗放养殖方式，另一类就是集约化精养。这两种养殖方式投入不同，收益也不相同。野外粗放养殖投入少，但是产量低，天敌也多，收益当然也低；集约化养殖也就是人们常说的精养，属于高投入、高风险、高收益的养殖方式，这种养殖方式投入是比较高的，要求的养殖技术也很高，当然由于它基本上是处在人为可控的范围内，因此水蛭的天敌也少，养殖产量很高，当然经济效益也就好。

二 选择养殖方式的原则

至于选择哪一种养殖方式，一定要慎重考虑，重点要考虑以下几点原则：一是应根据当地的实际情况，因地制宜，不可过度拘泥于一点，环境条件差的，就采用野外粗放养殖；环境条件较好的，可采用集约化精养方式。二是根据养殖时间和养殖水平来定。对于养殖新手，建议先搞些野外粗放养殖，积累经验再发展精养，也可以将野外粗放养殖和集约化养殖集合起来搞，这样既能降低风险，又能提高经济效益。而对于那些经验很丰富、养殖技术很过关的老养殖户来说，可以考虑建立高标准的养殖池，为水蛭的生长繁殖提供较理想的生态环境，通过工厂化养殖，获得较高的单位面积产量。三是根据资金状况来决定养殖方式。如果资金不充裕，可以考虑采用粗放式养殖，如果资金实力很雄厚，就可以通过集约化养殖将自己的事业进一步发展。

三 野外粗放养殖

有许多人认为在野外粗放养殖水蛭就可以不管不问了，到时候就只收获现成的商品水蛭就可以了，这种观念是错误的。真正意义上的野外粗放养殖，就是充分利用野外的自然条件和现成的饵料资源，通过圈定养殖范围后进行保护的一种养殖方式。因此，野外粗放养殖要抓好三个要点才能成功：第一点是要充分利用野外的自然资源和条件，没有适合水蛭养殖的资源也就无法开展野外养殖；第二点是要投放足够的种源，适当投放饵料，才能保障养殖的成功；第三点是要在选定的范围内进行适当的保护，以促进水蛭在自然条件下的自然增殖，绝不能进行掠夺式的捕捞，要确保持续性的开发和生产。

一般来说，野外粗放养殖具有养殖面积较大、自然光照充足、天然饵料丰富，以及投资相对极小、收益相对较大的优点。但是单位面积产量较低、不易管理的劣势也暴露无遗，另外，还要时常注意预防自然敌害、防逃以及水位涨落的变化等（图7-6）。

图7-6 野外粗放养殖水蛭

【提示】 野外粗放养殖的模式一般有水库养殖、沼泽地养殖、湖泊养殖、河道养殖、洼地养殖及稻田养殖等。

四 集约化精养

集约化精养是一种全程都在人为控制下的一种养殖方式，采用人工建池、人工投喂饵料、人为提供水蛭生长环境的科学饲养管理方式。这种养殖方式单位面积的放养密度较大，需要的种源也多，

加上建池的标准也高，因此资金投入相对较高，要求的饲养技术更加精细，日常管理工作更加到位。当然，投入与回报总是有关联的，这种养殖方式的单位面积产出商品水蛭多，商品规格大小一致，比较整齐，捕捞时比较方便，更重要的就是经济效益好。

【提示】 集约化精养的模式一般有池塘养殖、水泥池养殖（彩图7-3）、室内养殖、庭院养殖以及工厂化恒温养殖等方式。

第四节 池塘精养水蛭

水蛭具有生长快、产量高、易推广、投资小、见效快等特点，且一次引种，多年受益，适合城乡以各种规模和方式进行养殖。利用池塘进行水蛭的精养是一种集约化养殖的方式，是目前养殖户采取的主要养殖方式之一，也是目前比较成功且效益较稳定的一种养殖模式，它具有人为调控性强、投入高、养殖技术要求高、收入也高的“一强三高”的特点。

一 高产池塘应具备的条件

水蛭的养殖与一般的水生动物养殖也有不一样的地方，在池塘养殖时，如果想取得高产高效，对池塘的要求就要严格得多。

一是要求池塘的透光性强，水层波动小。也就是说要求池塘不能太深，因为水浅，白天的阳光可透射到池底，这样有利于浮游生物、沉水植物和底栖植物的健康生长发育，为水蛭直接饵料和间接饵料的繁育提供条件。同时因为水浅，水的上下层基本均匀，仅在刮风、温差变化条件下出现小的波动，为水蛭提供了良好的生存环境，尤其是在水蛭繁殖交配的时候，更要注意水层的波动要小。

二是池塘的水色要能呈现出不断的变化情况，透明度要适宜。池水反映的颜色是由水中的溶解物质、悬浮颗粒、天空和池底色彩反射等因素综合而成，常因土质、水深、施肥种类及水中浮游生物生长繁殖情况而各有不同，由于各种浮游植物细胞内含有不同的色素，当浮游植物繁殖的种类和数量不同时，便使池水呈现不同颜色与浓度，而水体中水蛭和鱼蛙类易消化的浮游植物的种群和数量的多少直接反映水体的肥瘦程度。当池塘中浮游植物多时水体呈绿色，浮游动物多时水体呈黄色，富含腐殖质时水体呈褐色或酱油色，大量生长蓝藻时水体呈青绿色，鱼腥藻繁殖多时水体呈黄绿色，纤毛虫繁殖旺盛时水体又呈褐色，水蚤大量出现时水体则呈红色。

水蛭在透明度为20～30cm、水色呈黄绿色的水体中生长较好。若透明度大于35cm、水色较淡，说明水较瘦，应施肥水培肥水质。肥水方法：可将2%的生石灰拌入鸡粪或牛粪中发酵后，按每平方米0.3kg洒入池水中，养水6～8天后，等水中的浮游生物大量出现时才能投入水蛭种苗。

如果发现水体有特殊的腐烂味、臭味，则表示水体被污染，说明池底的有机物（如吃剩的饵料、沉底的动植物残体、粪便等）腐败生成氨气、硫化氢等有毒气体，这时则应及时换水或倒池清理，防止水蛭大批死亡。

【提示】一个好的水蛭养殖池要保持水质的“肥、鲜、活、嫩”，具体就体现在水色的不断变化上，这是池塘高产高效养殖水蛭的一个要点。

二 池塘的选址

养殖水蛭的池塘应选择在避风向阳、水源充足、排灌方便和比较安静的地方，周围无农药、污水污染，能做到旱不缺水、涝能排水，同时要求交通方便，这样既便于注、排水，也方便水蛭苗种、饲料和商品水蛭的运输（彩图7-4）。

三 池塘的要求

1. 面积

用于人工养殖水蛭的水体可大可小，一般0.5～5.0亩为好，池塘宽3m，长度可根据场地大小而定。这样大小的水蛭饲养池既可以给水蛭提供相当大的活动空间，也可以稳定水质，不容易发生突变，更重要的是表层和底层水能借风力作用不断地进行对流、混合，改善下层水的溶氧条件。如果面积过小，水环境将不太稳定，并且占用堤埂多，相对缩小了水面。但是如果面积过大，投喂饵料不易全

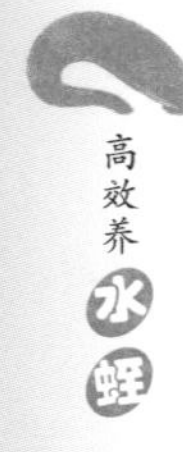

面照顾到，导致吃食不匀，影响水蛭上市时的整体规格和效益。

2. 深度

水蛭养殖池中间深度1.5m，水深1m左右，池底淤泥10cm，池边坡度要缓，使池塘四周形成一定的浅水区。

3. 水质

水源以无污染的江河水、湖泊水、水库水为好，也可以用自备机井提供水源，水质要满足渔业用水标准，无毒副作用。

4. 土质

土质要求具有较好的保水、保肥、保温能力，还要有利于浮游生物的培育和增殖，根据生产的经验，饲养水蛭的池塘的土质以壤土最好，黏土次之，沙土最劣。

5. 池塘形状

池形整齐，一般是以长方形为好，东西长，南北宽，宽一般3m，长度可根据地形而定，堤埂较高较宽，大水不淹，天旱不漏，旱涝保收（图7-7）。

6. 进、排水系统

饲养水蛭的池塘要求进、排水方便，对于大面积连片水蛭养殖池的进、排水总渠应分开，按照高灌低排的格局，建好进、排水渠，在池塘的对角设进水口（图7-8）和排水口，做到灌得进、排得出，定期对进、排水总渠进行整修消毒。

图7-7　开挖的标准化水蛭池

图7-8　进水口

注水口一般要高于水面约10cm，这样可使注水口和水面之间有一定的落差，注水时可采用水管伸入到池塘中间的方式进行跌水式注水。排水口一般有两个，一个是为超出正常蓄水水面而建立的排水口，通常称为溢洪口，如因急下暴雨等原因使水面上涨过快时，可通过这个溢洪口将多余的水及时排出养殖池外；另一个是排干池水用的排水口，这个排水口是用来清池时用的，可使水全部排出养殖池外，这个排水口要求位置很低，一般设在养殖池的底部。不管哪一种进水口和排水口，都要严格加设防逃网。在排水时，要时刻检查网是否有破损，防止水蛭外逃。

7. 数量

对于规模化养殖户来说，可以同时设置1年生幼蛭池、2年生幼蛭池、3年生种蛭池、4年生种蛭池。当水蛭生长到一定阶段时，就要及时地进行分级饲养，不要大大小小甚至几代水蛭都放在一个池子里养殖。

四 池塘水体的理化性质

1. 酸碱度（pH）

酸碱度是指池塘中水的pH，变化幅度一般在6.5～9.5之间。在水蛭的养殖中，要努力营造中性的水体或弱碱性的水体，这样更有利于水蛭的生长发育。例如，医蛭、金线蛭一般在pH为6.4～9的水体中生存，适宜的pH在6.7～7.5之间，如pH下降可用浓度为2mg/L的生石灰调节。

2. 气体溶解量

池塘里的水体包括氧气、二氧化碳、氮气、氨气、硫化氢和甲烷（沼气）等。只要水体中没有过多的腐殖质，而且投喂有规律，加上定期消毒，池塘中的氮气、氨气、硫化氢和甲烷（沼气）量很少而且对水蛭的生长发育影响不大。在养殖过程中最关注的还是池塘中的溶解氧和二氧化碳的含量。池塘中这两种气体的含量与水温的昼夜变化密切相关，而且这两种气体的含量是呈现出此消彼长的特点。其中池塘中的溶解氧最多的时间是下午，这时的二氧化碳含量也最低，这是因为水中绿色植物在此时光合作用旺盛，消耗了二氧化碳，产生了大量的氧气，此时是最适宜水蛭生长的。而黎明时水中含氧量最低，这是因为夜晚植物的光合作用基本

停止，而动物没有停止氧气的消耗和二氧化碳的呼出，此时二氧化碳也是最高的，如果管理不到位，在这个时间段的水蛭很可能发生意外死亡。

大多数水蛭能长时间忍受缺氧的环境，但对养殖生产极为不利，若严重缺氧，水蛭不吃不长还要消耗体内营养物质，体重会减轻。研究和生产实际表明，当水中的溶解氧大于0.7mg/L时，水蛭就活动正常；当水中的溶解氧小于0.7mg/L时，水蛭就会纷纷爬出水面，到岸边土壤或草丛中呼吸空气中的氧气。一旦发现有大批水蛭在黎明时纷纷爬到岸边或吸附在水草上时，就要及时采取措施，增加水体中的溶解氧。平时也可通过在池塘中间和四周浅水区种植一定的水草，浮游植物通过光合作用也可以增加水体中的溶解氧。

3. 无机盐溶解量

无机盐包括硝酸盐、磷酸盐、碳酸盐和硅酸盐等，这些盐类在池塘中的溶解量对浮游生物以及其他动植物的数量及品种有着重要的影响，当然也就对水蛭的生长繁殖有着直接的影响，要努力减少这些无机盐对水蛭生长所造成的负面影响。

五 池塘的处理

为了适应水蛭的特殊需要，在养殖水蛭前必须对池塘进行处理：一是在池底放一些石块、砖块、报废轮胎或树枝，每亩放置200～300块，供水蛭附着、栖息；二是池四周用富含腐殖质的疏松沙壤土建1～2m^2的平台，每亩可设置5～8个，平台高于水面10～20cm，便于水蛭打洞产茧；三是每隔2m用瓦片正反相叠，从池底直至平台，一组两摞，供水蛭栖息及躲避高温、强光；四是可在池的四周栽树，在池顶上搭葡萄架，以遮阳、防晒。

六 防逃设施

由于水蛭有较强的逃逸性能，特别是在天气闷热或水体环境不良时更易发生逃跑事件，因此对池塘增加一些必要的防逃设施是必要的。

一是在池塘采用专用的斜竖防逃网，可选用白色尼龙纱网、麻

布网片或有机纱窗和硬质塑料薄膜共同防逃，用高50cm的有机纱窗围在池埂四周，用质量好的直径为4～5mm的聚乙烯绳作为上纲，缝在网布的上缘，缝制时纲绳必须拉紧，针线从纲绳中穿过。然后选取长度为1.5～1.8m的木桩或毛竹，削掉毛刺，打入泥土中的一端削成锥形或锯成斜口，沿池埂将桩打入土中50～60cm，桩间距3m左右，并使桩与桩之间呈直线排列，将网的上纲固定在木桩上，使网高保持不低于40cm，然后在网上部距顶端10cm处再缝上一条宽25cm的硬质塑料薄膜即可（图7-9）。

图7-9 安装好防逃网的养殖池

二是为了防止因下雨水漫池而导致水蛭逃跑，可以开设一个溢水口。溢水口也用双层密网过滤（彩图7-5），防止水蛭乘机顶水逃走。同时，在池塘的四周设防逃沟（图7-10），防逃沟宽120厘米、高80厘米，下雨时在沟内撒入生石灰，即可防止水蛭因水流而逃走。

图7-10 水蛭养殖池的环沟

三是在池塘对角建有加细网罩的进、出水口，防止水蛭从进、

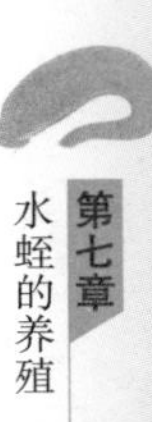

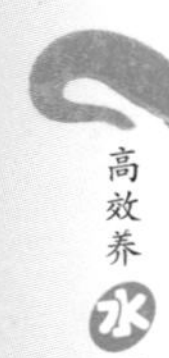

出水口处逃跑。

【警告】>>>>

水蛭的逃跑能力很强，逃跑方式也很多，要想养殖成功，防逃是关键。

七 池塘清整、消毒

水蛭在放入饲养池之前，要对水蛭池进行消毒处理，不要直接投放水蛭苗种。新开挖的池塘要平整塘底，清整塘埂，使池底和池壁有良好的保水性能，尽可能减少池水的渗漏；旧塘要及时清除淤泥、晒塘和消毒，可有效杀灭池中的敌害生物（如蛇、鼠等）。

1. 生石灰干法清塘

在水蛭苗种放养前20～30天，排干池水，池塘在暴晒4～5天后进行消毒，在池底选几个点，挖个小坑，放入生石灰，用量为每平方米100g左右，注水溶化，待石灰化成石灰浆水后，用水瓢将石灰浆趁热全池均匀泼洒。过一段时间，再将石灰浆和泥浆混合均匀，最好用耙再耙一下效果更好，然后再经5～7天晒塘后，经试水确认无毒，灌入新水，即可投放水蛭种苗。

2. 生石灰带水清塘

每亩水面水深0.6m时，用生石灰50kg溶于水中后，全池均匀泼洒，用带水法清塘虽然工作量大一点，但它的效果很好，可以把石灰水直接灌进池埂边的鼠洞、蛇洞里，能彻底地杀死病害。

【提示】 生石灰是常用的清塘消毒剂，用生石灰清塘消毒，可迅速杀死塘中的寄生虫、病菌和敌害，如老鼠、水蛇、水生昆虫和虫卵等，减少疾病的发生。另外，生石灰与水反应，还可以使池水保持一定的新鲜度，又能改良土质，澄清池水，增加池底通气条件，并将池底中的氮、磷、钾等营养物质释放出来，增加水的肥度，可让池水变肥，间接起到了施肥的作用。

3. 漂白粉带水清塘

在使用前先对漂白粉的有效含量进行测定，在有效范围内（含有效氯30%）方可使用。如果部分漂白粉失效了，这时可通过换算来计算出合适的用量。

在用漂白粉带水清塘时，要求水深0.5～1m，漂白粉的用量为每亩池面用10～20kg，先用木桶加水将漂白粉完全溶化后，全池均匀泼洒，也可将漂白粉顺风撒入水中即可，然后划动池水，使漂白粉分布均匀，漂白精用量减半。

> 【提示】 漂白粉遇水后释放出次氯酸，次氯酸具有较强的杀菌和灭敌害生物的作用，其效果与生石灰差不多，但药性消失比生石灰快，一般用漂白粉清池消毒后3～5天即可投放种水蛭进行饲养。

4. 漂白粉干塘消毒

在漂白粉干塘消毒时，用量为每亩池面用5～10kg，使用时先用木桶加水将漂白粉完全溶化，全池均匀泼洒即可。

5. 生石灰、漂白粉交替清塘

有时为了提高效果，降低成本，就采用生石灰、漂白粉交替清塘的方法，比单独使用漂白粉或生石灰清塘效果好。池塘水深在10cm左右，每亩用生石灰75kg，漂白粉10kg，化水后趁热全池泼洒。

6. 茶饼清塘

每亩用茶饼20～25kg。先将茶饼打碎成粉末，加水调匀后遍洒。待6～7天后药力消失，即可放养水蛭苗种。

7. 生石灰和茶碱混合清塘

此法适合池塘进水后用，把生石灰和茶碱放进水中溶解后，全池泼洒，生石灰每亩用量50kg，茶碱每亩用量10～15kg。

八 种植水草

在水蛭养殖池塘中要种植一些水草或浮萍等青绿饲料，水草能净化水质，降低水体的肥度，对提高水体透明度、促使水环境清新

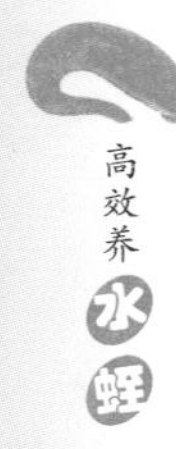

有重要作用，也能促进田螺、河蚌等直接饵料的生长。另外，在浅水区种植水草还可以供水蛭在夜间交配、休息，在夏季高温季节可为它们遮阴避暑。

水蛭喜欢的水草种类有苦草、眼子菜、轮叶黑藻、金鱼藻、凤眼莲和水花生等以及陆生的草类。水草的种植可根据不同情况而定：一是沿池四周浅水处10% ~20%面积种植水草；二是移植水花生或凤眼莲到水中央；三是用草框把水花生、空心菜、凤眼莲等固定在水中央。

【提示】 所有的水草总面积要控制好，一般在池塘种植水草的面积以不超过池塘总面积的1/8为宜，而且要分开种植，否则会因水草种植面积过多，长得过度茂盛，在夜间使池水缺氧而影响水蛭的正常生长。

九 进水和施肥

水源要求水质清新，溶氧充足，放苗前7 ~15天加注新水20cm。向池中注入新水时，要用40 ~80目纱布过滤，防止野杂鱼及鱼卵随水流进入饲养池中（图7-11）。

图7-11 跌水式进水

在水蛭下塘前一定先把池水培肥，实验表明，如果池水清瘦，水蛭会感到不安、不适应而外逃。当池中进水20cm后，适当施用腐熟发酵好的有机粪肥、草肥，如施发酵过的鸡粪、猪粪及青草绿肥等有机肥，施用量为每亩200kg左右，另加尿素0.5kg，培育轮虫和枝角类、桡足类等浮游生物饵料，为水蛭入池后提供直接的天然饵料或间接饵料。对于一些养殖老塘，由于塘底较肥，每亩可施过磷酸钙2～2.5kg，兑水全池泼洒。

十 投放螺蛳、河蚌

螺蛳、河蚌是自然界中水蛭最主要的寄主之一。在它们坚硬的外壳保护下，水蛭吸附在它们的身体上，不但能得到很好的保护，而且能直接吸食到优质的动物性饵料。因此，在放养前必须放好螺蛳、河蚌，每亩放养70～100kg田螺、50～75kg河蚌。投放螺蛳、河蚌可以净化底质，可以补充动物性饵料，还有一点就是螺蛳和河蚌的壳可以为水体提供一定量的钙质，有促进水蛭生长的作用。所以池塘中投放螺蛳和河蚌是至关重要的，千万不能忽视。

投放螺蛳、河蚌时要注意以下几点：一是投放时间以每年的清明节前为好，时间太早的话，没有这么多的螺蛳供应，时间太迟了，运输成活率低；二是在池塘投放时，最好利用小船将螺蛳、河蚌均匀撒在池塘各个角落，一定不能图省事，将一袋螺蛳、河蚌全部堆放在池塘的一个角落或一个点，这样会导致大量沉在底部的螺蛳、河蚌因缺氧而死亡，反而对池塘的水质造成污染；三是螺蛳、河蚌入池后的十天内不要施化肥来培肥水质。

十一 水蛭的放养

1. 苗种的采集

水蛭苗种的来源可以捕捉、购买或自繁。在开始养殖时，一般以天然捕捉为主，也可以向有关单位购买。有时在水蛭野生资源非常丰富的地区，可以直接到野外有水蛭的沟河中进行诱捕，这样也可以节省一笔非常可观的苗种成本。具体的采集方式在第四章已经有了详细表述，这里再介绍两种常见养殖品种的简单采集方式，效果很好。

日本医蛭的诱捕：将去籽后的丝瓜络浸泡在鲜猪血或牛血中约10min，取出放在阴凉地方晾干后放入沟河边浅水中，为了方便取出，可用细绳子或线将丝瓜络扣好，经过一夜后就可以捞出丝瓜络，抖出躲藏在里面的水蛭即可。这种方法效果明显，诱捕率是比较高的，而

且劳动强度小，一般每个丝瓜络每天可诱捕0.5kg左右的水蛭。

宽体金线蛭的诱捕：选择一个个体较大的河蚌，不要剖开，直接用热水烫死，这时河蚌会展开两个贝壳，露出里面的蚌肉，这种蚌肉是水蛭最喜爱的可口食物之一，这时再用长绳系住贝壳，把它放入有宽体金线蛭的水边，待大量宽体金线蛭爬到蚌壳里吸食蚌肉时拉出水面，然后再取出里面吸附的水蛭就可以了。用这种方法诱捕，一般每天每只河蚌可诱捕0.3kg水蛭。

2. 水蛭苗种的购买

应到正规科研单位或信誉较高的养蛭场购买，水蛭养殖能否成功，选择质量优良的苗种是关键。在池塘里养殖水蛭，首先应该是选择同一品种进行养殖，千万不可几个品种一起混养；其次是水蛭种苗应符合该品种的外貌特征；再次就是要选择质量好的个体作为养殖对象。质量好的依据是什么呢？大小整齐、体质健壮、爬行能力强、活跃有力、无伤无残、体表光滑、黏液较多、伸曲有度而且没有病态表观的幼蛭作为苗种。如果是身体有病有伤、不健康的水蛭，可以看出它们的体色变暗、失去光泽、蜷曲成团，整个身体几乎没有什么弹性，在体表上可见有伤痕或有隆起的结块、结节。

如何快速判断选择的水蛭苗种是不是健康的？这里介绍几种方法：

一是手抓法判断（图7-12）：对于健康无病伤、活动能力较强的水蛭，当它被我们抓住时，它就会努力挣扎向外面爬动，手上的感觉是它的伸缩有力，手心有痒痒的感觉；而对于不健康的水蛭，抓在手里软软的、绵绵的，没有挣扎感和伸缩感。

图7-12 用手感知来判断水蛭的质量

二是从水蛭的行动来判断：对于健康的水蛭，当把它放在地面上或在脸盆、塑料盒等器皿里时，可见到它的行动非常敏捷，会向不同的方向进行逃窜，当水蛭被翻过身时，它会不断地用力扭动身子，试图尽快地翻转过来，这样的水蛭就是优质的水蛭；而不健康的水蛭，放到地面上时，它的行动是缓慢的。

三是从放在水里的反应来判断：当把健康的水蛭放到水中时，可见到水蛭会自然舒展，立刻分散活动而且游动迅速；而对于不健康的水蛭来说，一旦放到水里，就可见它们在水中游动速度非常缓慢，有时一会儿就会沉入水底。

四是吹气法判断：把水蛭放在脸盆里，在距离水蛭 30cm 处向水蛭吹气，这时不同的水蛭就会有明显的不同反应：健康的水蛭会立刻做出应激反应，头部回缩；而不健康的水蛭则对此几乎没有反应，或者是反应非常缓慢。

五是从对饵料的反应来判断：当水蛭接触到它们喜爱的饵料时，身体状况不同的水蛭对饵料的反应是不同的：健康的水蛭一接触到饵料，就表现出强烈的摄食欲望，很快就粘到饵料上面；而不健康的水蛭，则对饵料几乎没有什么反应，也不会立即粘到饵料上面，也没有摄食欲望。

3. 放养模式

对于池塘养殖水蛭来说，只要保种工作做得好，可以做到一年投种，多年收益。在实际放养中，可根据自己的养殖条件、技术和资金来决定苗种的放养模式。一般可采取放养种蛭来自繁自育和放养幼蛭直接培育商品蛭两种模式。

一是购买种蛭或捕获天然种蛭实现自繁自育的目的，自繁自育是便捷省力的途径和发展方向。在水蛭活跃频繁出现的 7 ~ 10 月，可在清晨或傍晚，从天然水域中直接用手捕捉或用小捞子捞捕，也可放置瓦或竹桶等诱捕，量大时可用渔网捕捞，捕取成蛭作为种蛭，放入一定水体中保种越冬，第二年水蛭即可自行繁殖。体长 6cm 以上的成蛭条件适宜，可每年繁殖 3 次左右。繁殖时可一次投入相当数量的螺蛳，一般每亩 50 ~ 80kg，并调配控制好水质。孵幼期每 5 ~ 7 天投喂一次，开始时饵料用熟蛋黄揉碎泼洒，

中后期用动物血拌麸皮、花生壳粉或猪饲料等投喂，其技术简单易行。

第二种就是放养当年繁育的幼蛭直接培养成商品水蛭出售，具体见本章后面的内容。

另外，要注意的是，同一个养殖池一定不要同时混养吸血类水蛭和非吸血类水蛭。

4. 苗种的质量

水蛭苗种质量的优劣，不仅直接影响它将来的产卵率、孵化率甚至成活率，而且对水蛭的生长、发育、商品产量也有很大影响，长期养殖劣质的水蛭会导致品种过早退化和产量低下，当然效益也就不佳。因此，对于苗种的质量一定要把关。

如果是放养的种蛭，要想在投种一年之内就有好收成，必须选二龄以上的健壮水蛭作为种苗，要求个体肥大、健壮无伤、规格大（彩图7-6）。总的来说，个体越大越健壮，它的产卵量、孵化率和成活率也就越高，规格以每条15g以上为好，同时要求水蛭的活动力较强、体表光滑、颜色鲜艳无伤痕，在购买种蛭时最好亲自到购种场。有一个小技巧可以帮助你来判断种蛭质量的优劣，就是在距育种池1m处吹一口气，看看水池中种蛭的反应，如能做出迅速反应的就是好种蛭。个体在35g以上的老蛭应淘汰，另外选购的种蛭在繁殖两个季节后就要及时将它淘汰。

如果是放养的幼苗，首先要仔细查看，对一些残伤、形态不正、杂种、病态的水蛭幼苗，均应剔除。以金线蛭为例，一尾优质的幼蛭体色应该是茶黄色的，如果出现褐色就是病态的了，这时要加以鉴别。对受内伤、外伤的水蛭，如果一时还识别不出来，可暂养2～3天后再鉴别。对于幼蛭质量鉴别，这里介绍一个小技巧，就是将白瓷盆装一半的水，然后把幼蛭放到盆里，有的幼蛭会紧紧吸附在盆边，有的会沿着盆边爬动，这时可轻轻地用手指在盆中间搅动，形成一个小小的漩涡，如果水蛭仍然紧紧地用吸盘粘贴在盆子上，那么质量就非常好，如果幼蛭随着水流在浮上浮下，不断地挣扎，那就说明这个培育池里的幼蛭质量不佳。另外，也可以用手轻轻地触碰一下幼蛭，如果迅速缩为一团的那就是质量比较好的，如果没什么反应或者仅仅是收缩一点点然后又放松身体的，那可能就是有病了，就不能再购买了。

5. 放养时间

种蛭宜在春、秋季投放，而幼蛭则宜在孵出一个月后放养。选择晴天的7：00～9：00、17：00～19：00进行放养，避免阳光直射、太阳暴晒、温度过高，影响放养的成活率，另外在雨天不要放苗。先投放少量观察1～2天后，根据情况再逐渐投放。

另外，对于不同养殖目的水蛭，放养时间也有一定讲究：如果是作为商品水蛭来饲养时，9月下旬就要暂停放养苗种，做好其他的准备工作，安排在来年春暖花开时再投放；如果是作为种蛭来养殖的，可将放养时间推迟1个月左右，在11月初放养，同时要做好放养后的越冬准备工作，不能让它们受到冻伤。

6. 放养规格

同一批次放养的水蛭，不但要求品种相同，而且规格也要相对一致，对于那些品种不同、规格大小不一致的水蛭，一定要分开养殖，以方便饲养管理。

如何掌握好水蛭的放养规格呢？一是放养规格与季节有密切关系。水蛭是变温动物，它的生长发育阶段受水温影响较大，因此在温度适宜的范围内，放养季节较早的，规格可以考虑小一点，放养略迟的，规格可以考虑大一点，而且是越大越好，越冬安全系数相对较高。二是与养殖技术人员的技术水平有关。对于新办的养殖场，技术人员的水平和经验不足时，应选择规格较大的，而对于养殖技术非常成熟的养殖场来说，可以考虑选择规格略小一点，这样可以节省苗种费用。三是与不同的品种有关。并不是所有的水蛭品种在放养时的规格都是一样的，例如，都是放养较大规格的水蛭苗种，对于吸血类水蛭来说，个体体重可以考虑在0.5g左右，而非吸血类个体的体重则考虑在3g左右（图7-13）。

> 【提示】放养小规格的水蛭时，应避开早春气温不稳定以及倒春寒的时间，可以稍微推迟到气温稳定时再放养，以避免一暖一冷，导致水蛭苗种出现批量死亡的现象。

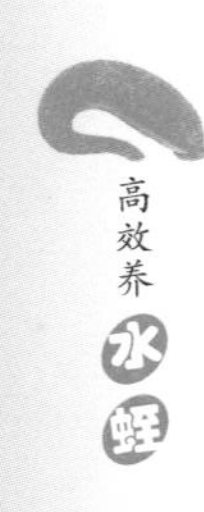

图 7-13　放养的规格要一致

7. 放养密度

养殖密度是指单位体积中水蛭的数量。密度的大小往往会影响整体水蛭的产量和养殖成本。密度过小，虽然个体自由竞争不激烈，每条水蛭的增殖倍数比较大，但整体水蛭的增殖倍数比较小，不能有效地利用场地、人力，产量较低，成本增高，影响经济效益。而密度过大，则会引起食物和氧气不足，个体小的水蛭往往会吃不饱或吃不到食，甚至会引起水蛭间互相残杀。同时代谢产物积累过多，会造成水质污染，病菌滋生和蔓延，容易引起水蛭发病和死亡，因此控制适宜的密度是池塘养殖水蛭高产高效的重要措施。

在生产实践中，可以根据不同的养殖条件来选择不同的放苗密度，条件好的可以多放一点，密度大一点，如采取网箱、工厂化养殖方式的，养殖技术水平高，设施完善，这样的放养密度是可以大一点的。而采取传统养殖方式，技术水平较低，设施不够完善的，条件差一点的池塘则可以少放一点，保持水体中水蛭的密度略小一点。放养水蛭时，池塘的水深以 30cm 左右为宜。种蛭以 15 ~ 25g 为好，这样水蛭产卵量多，孵化率高，每亩放养 25 ~ 30kg。幼蛭体长在 2cm 左右，每亩放幼蛭 10000 ~ 12000 条为宜。如果养殖技术非常好，加上池塘的条件也很棒，可以将养殖密度扩大至每亩 15000 条。

另外，还有一点需要注意的就是，不同的养殖品种和同一品种在不同的生长阶段，它们的放养密度也是有差异的。例如，日本医蛭的放养密度就要比宽体金线蛭的放养密度大一点，这是因为宽体金线蛭个体较大，养殖密度可以适当减少。在2月龄以下的水蛭，由于它们的死亡率高，对外界环境的适应能力要差，因此它们养殖的密度是最大的；如果是放养2~4月龄的幼蛭，可将密度降低至2月龄的2/3就可以了；4月龄以上的，放养密度还要降低，有时只需2月龄的1/3即可。

【注意】 对于新建的养殖池，最好不要一次性投足种苗，而是采取分批次投放苗种，只有待养殖池总体环境条件趋向食物链综合平衡以后，才能逐步加大投种量。不能机械地认为每平方米可投放多少千克或多少条，投放量应根据养殖池具体条件与水蛭生长状况之间的平衡而定。

8. 不同品种的水蛭放养密度参考数据

不同的水蛭品种，由于它们对水质和环境的要求不一样，个体大小和生长速度也不一样，加上养殖者管理能力和养殖技术水平的不同，它们的放养密度还是有差别的。这里就以中等养殖技术水平来提供不同品种的放养密度参考数据，分别以非吸血类的宽体金线蛭和吸血类的菲牛蛭为代表来说明放养密度。

（1）宽体金线蛭 一是以条数计算放养密度时，具体参考密度见表7-1。

表7-1 宽体金线蛭放养密度

个体体重/g	放养密度/(条/m²)	放养密度/(万条/亩)
0.1~3.5	150~2000	10~140
3.5~13	40~150	2.5~10
13以上	20~40	1.4~2.5

二是以重量计算放养密度时，基本掌握在0.5kg/m² 左右，合每亩投苗350kg，蛭苗越小，重量越轻，大水蛭比小水蛭一般重1倍左右。例如，放养个体在0.1g的幼蛭时，总重量为200g/m²，合每亩投放150kg；而20g的亚成蛭放养重量应为480~540g/m²，合每亩投

放360kg。

（2）菲牛蛭 一是以条数计算放养密度时，具体参考密度见表7-2。

表7-2 菲牛蛭放养密度

个体体重/g	放养密度/(条/m^2)	放养密度/(万条/亩)
0.1～1	400～2000	26～140
1～2.5	150～400	10～26
2.5以上	100～150	5～10

二是以重量计算放养密度时，基本掌握在0.37kg/m^{2}左右，合每亩投苗250kg，蛭苗越小，重量越轻，大水蛭比小水蛭一般重1倍左右。例如，放养个体在0.1g的幼蛭时，总重量为200g/m^2，合每亩投放150kg；而1.5g的亚成蛭放养重量应为380～400g/m^2，合每亩投放260kg（彩图7-7）。

9. 放养量的计算方法

为了确保养殖水体的充分利用，需要放养合适的水蛭总量，对于水蛭的放养量的计算，可以采取抽样计算法也就是在放养水蛭的总体中，随机抽取3～5个样本（本书以5个样本计），每个样本的水蛭数量为200条，用天平进行准确称量，得出样本的总重量，然后将总重量除以1000（5个样本的总数），就可以得出每条水蛭的平均重量。最后过称放养水蛭的总量，用总重除以水蛭的平均重，就可以得出放养水蛭的总条数。通过这种计算得出的结果，确定一定面积内应放养水蛭的密度。

10. 放养前的消毒处理

虽然水蛭对药物的敏感性还是比较强的，但是从保证水蛭进池后的安全和预防疾病来考虑，主要是防止带入病原菌和寄生虫，还是需要在水蛭放入池塘前进行体表的消毒，主要是采用药浴消毒处理。

幼蛭可以用3%的食盐水进行消毒，药浴时间为3～5min，将水蛭连同包装袋一起放到预先配制好的食盐水溶液中就可以了。由于食盐水具有清除皮肤表面的污垢、促进皮肤的新陈代谢、收缩伤口、减少伤口渗出的功能，同时还具有抑制细菌生长、防止水蛭身体上的创伤感染的作用。种蛭投放前用 8～10mg/L 的漂白粉（含有效氯为 30%）溶液浸洗消毒，气温 10～15℃时浸 20～30min，气温 16～20℃时浸 15～20min，也可用 10mg/L 高锰酸钾溶液浸洗消毒，一般 15～20℃时浸泡 15min 左右。

11. 注意温差

当水蛭苗种运输到养殖池边时，先要测量一下盛装水蛭包装袋里的水温，要确保盛放水蛭苗种袋子里的水温和养殖池的水温相差不大，基本保持接近，最好温差不超过 3℃。如果温差太大，甚至超过 5℃的话，会因温度剧烈变化而造成水蛭体内不适，易引起水蛭“感冒”，从而降低它的抗病能力，主要症状就是水蛭出现身体局部僵硬结块，影响它的成活率，甚至造成大量的死亡。

12. 试水

为了避免运输过程中包装袋内水的温度与养殖池水的温度相差较大的情况发生，一般我们建议在水蛭苗种运输到池边后，在下塘前需要进行试水。方法是：在苗种下塘时，先将苗种袋放入池中浸泡 3min 后拎起来，放在岸上 3min，再将袋子放进池水中浸泡 5min 后再次提起，就这样进行苗种试水试温，一般可进行 3 次，时间一次比一次长，直到池、袋的水温一致后，进行消毒处理，然后将苗种缓缓倾入养殖池中。

十二 合理投饵

1. 水蛭的饵料种类

水蛭的食性杂，且比较贪食，在自然状态下喜欢吸食小杂鱼、淡水螺类及其幼体等底栖软体动物、青虾、龟鳖、蚯蚓、草虾、部分昆虫、鱼虫、水蚤、河蚌以及其他动物的血液、内脏，另外水生菌丝体藻类以及营养丰富的腐殖质等也是它的食物。在进行人工饲养时，它的饲料可用畜禽的血液搅拌配合饲料、草粉、豆饼、花生饼、黄豆、剁碎的空心菜甚至粪便等，有时畜用配合饲料和农作物的秸秆它也食用，这些饲料来源广、价格低、易解决，合理利用这些饵料资源，也是降低水蛭养殖成本的重要措施之一。

在池塘的小生态环境中，水蛭与各水生物之间互依共存，只要

做好前期的肥水工作，再经常投以发酵的动物粪便，加上阳光、空气和水，就能获得食物链的良性循环，保证充足的食物供给。这样成本低，效果好，又能优化生态环境，比按时投食、换水更为主动、方便。

2. 水蛭的投喂

当春天水温上升至10℃以上时，应对水蛭投喂饲料，在池塘中可投放一定数量的螺蛳或福寿螺，放养量一般为50～100kg/亩，让其自然繁殖，与水蛭共生共长，供水蛭自由摄食。放螺数量不宜过多，过多则与主养品种争夺生存空间，主客易势。

如果是投喂动物血或拌饵投喂时，每周投放畜禽血液凝结血块一次，沿池四周每隔5m放置一块，水蛭嗅到腥味后很快聚拢起来，吸食后很快散去。投喂血块时应注意间隔投喂和及时清除剩饵，天热时更要注意，以免污染和败坏水质，影响水蛭生长。血块对水蛭并非是唯一的敏感饵料，当水蛭处于饥饿状态时，可食之物都会被吞食。血块未经处理有可能污染水质，且成本也较高，使用时应全面考虑。

为了提高水蛭的直接饵料和间接饵料的有效利用，可人为地拓宽水蛭的食物链，在池中投放一些萍类等水生植物，这既可作为螺、蚌、蛙、贝、虾的饲料，也可为水蛭提供栖息场所。只要食物链匹配得合理，那么养殖水蛭的水质清新、溶氧充足，浮游及底栖动物等生长也快，水蛭的放养密度就能提高。根据一些成功养殖者的经验，每亩水面投种苗50～80kg，食物链完全能保持良性循环。另外，作为对主体食物链的补充，可投喂一些人工饲料，畜、禽、鱼饲料均可选用。可根据成本、季节和养殖池的理化性与养殖密度之间的动态量比关系来确定投喂量，如在水温22～27℃的水蛭旺食期，若水质清新，就可多投饲，时间可在水蛭晚间出动觅食之前，否则可适当少喂些。

3. 不同品种的投喂略有区别

如果是养殖日本医蛭，由于日本医蛭主要以吸食人、畜的血液为生，因此在人工饲养时，对它的投喂可以分为两部分：一是在水蛭的生长旺期，可以向池塘里泼洒猪、牛、羊等动物的新鲜血液，这对幼蛭的吸食非常有好处，血液的投喂量要根据池塘中幼蛭的密度来确定，要少量多次地投喂，防止投喂过多对池塘的水质造成不良影响；二是在水蛭的非生长旺期，可以向池塘里投放一些田螺和黄颡鱼或鲇鱼等，供水蛭取血食用。如果是养殖商品水蛭，可以用猪、牛、羊的血块，为不影响水质，在17：00～18：00，可将血块放在饵料台上供水蛭食用，饵料台的位置是以半浸在池水中（一半浸入水中，一半露出水面）为宜，引诱医蛭来吸食，水蛭嗅到味后便爬上饵料台采食。在池边的饵料台上投喂量以1天内吃完为宜，饵料台上水蛭吃不完的残饵在第二天下午也要及时清除干净，以防止变质而污染水体。

如果是养殖宽体金线蛭，由于宽体金线蛭主要是以吸食动物的体液为生，同时也取食软体动物、游浮生物、水生昆虫以及泥土表面的腐殖质。到了5月，可以向池塘中一次性投放25kg螺蛳、河蚌，也可投喂一些蚯蚓，供水蛭吸食。螺蛳和河蚌都能在池中自然繁殖小螺蛳、小河蚌，同时又能滤食水中浮游生物和水蛭残饵从而净化水质，但螺蛳和河蚌都不能投放过多，以防止和水蛭争夺空间及水中溶氧。

4. 具体的投喂技巧

水蛭的具体投喂技巧也要讲究“四定”“三看”的投饵技巧，在第六章已经有所阐述，在此不再表述了。

十三 水质管理

1. 冲水换水

虽然水蛭对环境和水质要求不高，无须经常换水，在轻度污水中也能正常生长，但是在人工养殖的条件下，水蛭密度是比较大的，要想取得高产，同时保证商品水蛭的优质，必须经常冲水和换水，并防止化肥、农药的污染，水质要保持清洁。冲水和换水可减少水中悬浮物，使水质清新，保持丰富的溶氧。

【警告】>>>>

尤其是7～8月的高温季节，更要保证进、出水口畅通，使水质保持清新并有一定的溶氧量。

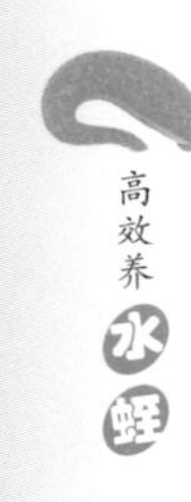

2. 水质调控

水质是水蛭生存的主要条件，直接影响其生长、发育和繁殖，一定要强化水质管理。一是保证合适的水位，水蛭繁殖是在覆盖物下边的泥土中，并不是在水中繁殖。在繁殖期如果水漫过土床7天左右，水蛭卵会因缺氧而死亡，要注意保持合适的水位，以确保养殖成功。二是池塘的水质以黄褐色、淡绿色的水体较好，水深60cm，pH呈现中性或微酸性。三是在5月中旬至9月中旬使用微生物制剂，根据水质具体情况，适时投放定量的光合细菌浓缩菌液，每月一次，以调节水质，增加池中溶氧，消除水体中的氨氮等有害物。四是要及时清理已死亡的漂浮在水面的螺、蚌尸体。

⚠【注意】 很可能螺壳内有幼蛭，用镊子将其取出，以减轻对水质的污染。

3. 水温调控

水蛭的适宜水温为15～30℃，10℃以下便停止吃食，水温过高会影响生长，当水温达到30℃以上水蛭就会停止生长。因此，要注意防高温和防低温，高温时可搭遮棚防暑，低温时可覆盖塑料膜延长秋季生长时间。另外，要在养殖池中放些凤眼莲等水草，枯死的水草要及时清除，还可放些石块、瓦片、木板、竹片等物便于水蛭藏身。

4. 底质调控

适量投饵，减少剩余残饵沉底；定期使用底质改良剂（如投放过氧化钙、沸石等，投放光合细菌、活菌制剂），促进池泥有机物氧化分解。

十四 繁殖管理和幼蛭培育

1. 繁殖管理

在池塘中养殖水蛭时，利用水蛭的自然增殖能力进行下一年的苗种培育，是提高效益的重要手段。

一是营造良好的水蛭产卵场所。土壤要达到要求的水平，泥土要松软，在池塘周围接近水源处用富含腐殖质的疏松沙质土壤，建成宽约60cm的繁殖平台。平台要保持湿润，可覆盖一层水草。下雨时要疏通溢水口，水面不能浸过平台，当暴雨致使水面浸过平台，应于3天内复位，否则将会造成卵茧内的幼蛭窒息死亡。

二是要调节温度和控制湿度。繁殖期水温最好控制在25℃左右。尤其是在晚上，更应注意防止温度突然下降。在湿度的调节上应掌握两个方面：一方面是产卵场的泥土的湿度要达到30%～40%，防止过干或过湿；另一方面是空气中的相对湿度应保持在70%左右。

三是在繁殖期间要投饵。繁殖期水蛭要消耗大量能量，因而饵料要精良、充足，要注意饵料的新鲜。饵料主要应以活体动物如蚯蚓、螺类、动物血液等为主。

四是产卵期池塘附近要保持安静，以免惊动产卵的水蛭，造成空卵茧。孵化期避免在平台上走动，以免踩破卵茧（彩图7-8）。

2. 幼蛭培育

水蛭在繁殖产卵后，经16～25天就可以孵出幼蛭。刚从卵茧中孵化出来的幼蛭身体发育不完全，对环境的适应能力差，对病害的抵抗能力较弱，因此，水温应保持在20～30℃之间，过高或过低都会对幼蛭生长不利。幼蛭孵出3天内主要靠卵黄维持生活，3天后可自行采食河蚌、田螺、动物的血液，因此要投放充足的饲料。

【小贴士】由于幼蛭的消化器官性能较差，因此，应注意投料的营养性和适口性，饲喂水蚤、小血块、切碎的蚯蚓、煮熟的鸡蛋黄等效果比较好，而且应少食多餐。

十五 分级饲养

对池塘中养殖的水蛭要及时分池，可设小水蛭池、中水蛭池、种蛭池。种蛭池设置在中水蛭池、小水蛭池中间，池壁安装过滤网，让其自行过滤分离，隔一段时间就要按大、中、小规格分级饲养，大的筛选出来放回池中留作种蛭，小的放在另外一个池子

中继续养，第二年达到商品规格时起捕出售，中等的加工成干品出售（图7-14）。

图7-14　规模化养殖基地

【提示】　分级饲养的好处在于：一是便于有针对性地投食，大水蛭池投大田螺，小水蛭池投小田螺等食物。二是可以根据不同阶段的水蛭的进食量投食，避免了投食不均的现象，提高了饲料的利用率。

十六　日常管理

1. 建立养殖档案

养殖档案是有关养殖水蛭各项措施和生产变动情况的简明记录，作为分析情况、总结经验、检查工作的原始数据，也为下一步改进养殖技术、制订生产计划做参考。要实行科学养殖，一定要做到每口池塘都有养殖档案，这些档案主要记录种苗放养的时间和数量、水温、水质、投料种类和数量、疾病防治、捕捉与销售等情况，以便于积累科学数据，总结经验，提高养殖技术水平。水蛭池塘养殖档案见表7-3。

表 7-3　水蛭池塘养殖档案　　　池塘号　　（　月）

日期	气温	水温	风向	潮汐情况	天气情况	水中溶氧	氨氮含量	增氧情况	投饵量	投饵点	投饵次数	饵料来源	病死情况	用药名称	用药方法	用药量	捕捉情况	销售情况	其他情况
1																			
2																			
3																			
4																			
5																			
6																			
7																			
8																			
9																			
10																			
11																			
12																			
13																			
14																			
15																			
16																			
17																			
18																			
19																			
20																			
21																			
22																			
23																			
24																			
25																			
26																			
27																			
28																			
29																			
30																			
31																			

记录人：

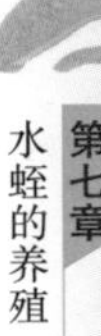

2. 建立巡池检查制度

勤做巡池工作，每天早晚各观察1次，重点是检查水蛭的活动、觅食、生长、繁殖等情况，是否有疾病发生，防逃、防盗设施是否有损坏，发现异常及时采取对策。还要检查有无残饵，以便调整投饵量（彩图7-9、彩图7-10），当发现池四角及凤眼莲等水草上有很多水蛭往上爬等异常现象，多数是因缺氧引起，要及时充氧或换水。经常检查并加固防逃设施，台风暴雨时应特别注意做好防逃工作。

3. 水草的管理

因为水蛭怕阳光直射，水草既是田螺的饲料，又可为水蛭遮光，水蛭还可以在上面产卵。在养殖期间要根据水草的长势，及时在浮植区内泼洒速效肥料。肥液浓度不宜过大，以免造成肥害。

4. 防逃、病害的管理

要经常巡塘，发现水蛭逃跑应及时捉回，查找逃跑原因，采取防逃措施，特别是雨季更应注意水蛭外逃，检查注、排水口是否通畅，防大水溢塘。在池塘的四周设立细围网，既可防止水蛭外逃，又可防止其敌害生物如蛇、鼠等进入蛭池伤害水蛭。

水蛭的天敌主要有田鼠、蛙类、黄鼠狼、蛇等，可采用微电网防治及工具诱捕。一般情况下，水蛭的生命力较强，基本无疾病，只要水源不被化肥、农药及盐碱性溶液污染，保持进出水口通畅，食物新鲜，及时清除饲料残留物，经常换水就能养好水蛭。反之，则可能会发生皮肤病和肠道病，这时就要对症下药，科学处理。

【小贴士】对于容易治好的疾病，要迅速给予科学的治疗，而对于不易治好的水蛭应及时加工成药材，以减少损失。

十七 捕捞

由于水蛭喜欢生长在杂草丛中，加上池底不可能非常平坦，水蛭又具有钻泥的习性，因此，根据水蛭的生物学特性采取相应的捕捞方法。

1. 捕捞时间

水蛭的生长速度是比较快的，经3~4个月的人工饲养，商品水蛭规格达25g左右时即可捕捞上市。可采取捕大留小的措施，规格大的上市，小的放回水体中继续养殖。

对于池塘大规模养殖时，一年可集中进行两次捕捞。第一次安排在6月中下旬，将已繁殖两季的种蛭捞出加工出售。第二次安排在10月中下旬，早春放养的水蛭一般都已长大，可考虑捕捞一部分，但大部分宜在第二年捕捞。

【提示】 水蛭全部捕捞后要及时清池。

2. 网捕

捕捞水蛭以夜间昏暗时为好，捕捞时，先排一部分水，然后用网捞起。对于上规格的水蛭要及时捕捞，可以降低存塘水蛭的密度，有利于水蛭加速生长。

3. 血液诱捕

取若干个丝瓜络或草把串在一起，浸泡动物血约10min，在阴凉的地方自然晾干后，再放入水中进行诱捕。每隔2～3h取出丝瓜络或草把串一次，抖出钻在里面的水蛭，拣大留小，反复多次，可将池中大部分成蛭捕尽。

十八 水蛭的越冬

在进行人工养殖水蛭时，可根据具体的情况，既可以让水蛭在池塘里自然越冬，也可以把水蛭捕捉上来，放在专门的越冬池里进行保温越冬。

1. 自然越冬

顾名思义，就是让水蛭在自然环境下越冬（图7-15），水蛭的耐寒能力较强，一般不易被冻死。在自然条件下，当外界气温降至13℃时，水蛭就会停止摄食，钻入潮湿疏松的靠近水面的泥土中或石块、树枝、枯叶下越冬，也有少数在池塘的淤泥中越冬。在自然越冬时，要在秋末加深池水，防止池水完全结冰，池水冻实，就会冻伤水蛭。如果天气确实寒冷，导致水面

图7-15　水蛭在冬天自然越冬

结冰时，应经常破冰，以保持水中有足够的溶解氧。一旦进入越冬状态，禁止进入池中越冬区域搅动，防止破坏水蛭的越冬环境。

2. 保温越冬

就是利用塑料大棚、地热水、太阳能热水器来对养殖水蛭的场所进行保温、增温，也可在池塘四周遮盖约5cm厚的稻草、麦秸、树叶、草苫子或玉米秸秆等物保暖，协助水蛭自然越冬，这种方法省时省力，适合大面积商品水蛭养殖。进入10月以后，气温降至20℃以下时，即可将需要越冬的水蛭集中移入塑料大棚内越冬。水蛭在棚内到12月才停止生长，早春3月即正常生长，这样有利于促进水蛭早繁育、多产卵。将个体大、生长健壮的育种水蛭集中在塑料薄膜棚内越冬，一般每平方米放养50～100条水蛭，在适温阶段投喂足量饲料，及时加注新水改善水质，半个月投喂一次饲料，这种方法可使水蛭正常生长和活动，待温度稍有回升，即可交配产卵。当温度超过32℃时，开启大棚换气调节温度。在有地热水的地方开热水井，用保温管道将热水引入水蛭越冬池。越冬池面积通常在3亩以上，水深保持1m左右。有条件的可以采用大容量太阳能热水器供热水，用塑料大棚保温。

> **【提示】** 值得提醒的是，水蛭必须经过1～3个月的冬眠才能产卵。

第五节　水泥池养殖水蛭

一　水泥池养殖水蛭的优势

自然界里水蛭一般生长在池塘、稻田、湖泊之中，喜欢生活在堤埂、池边，尤其是晚上喜欢在水草上活动休息。针对水蛭的生活习性和生长规律，在人工养殖时，可运用立体的模式，进行高密度养殖，水泥池养殖就是一种有益的尝试。在利用水泥池养殖水蛭的实践中努力营造出最适宜水蛭生长的环境条件，可在养殖池内创造多角、多墙壁的环境，人为地提供一个可供水蛭吸附、攀爬、休息、交配、取食、排泄的良好的养殖环境，就可以达到高产高效的目的。

与传统的池塘养殖水蛭相比，利用水泥池养殖水蛭具有以下几个优点：

1. 养殖密度高

水泥池养殖水蛭，由于采用新颖的养殖技巧，可以将同一水体开发出多层次的空间，就如同在同一地面上盖的楼房，每层都可以养殖水蛭，因此养殖密度就变大了，可以有助于提高单位面积的养殖产量。

2. 养殖面积不分大小

在房前屋后、荒地、老厂房场地等，只要略加改造就可以兴建成水泥池，而且成品水蛭能够采收干净，一次投入，可以数年养殖，是农民群众发展庭院经济的一条好门路。

3. 干净卫生

在人工养殖水蛭时，由于是高密度的养殖，势必要加大饲料的投喂量。在池塘养殖中，如果饲料过多地沉积在池底的淤泥中，导致淤泥发酵后必然带来很多副作用，产生许多有毒、有害物质，影响水质，泥塘的水质一旦恶化，就很难恢复了，水质的恶化也势必会引起产量下降。而水泥养殖池底部是用水泥做底，即使饲料沉积在底部，也可以及时将它们捞上来，减少腐败变质而影响水质的可能性。

4. 适应生长习性

通过对自然界生存环境下的水蛭调查分析，生长在软烂河泥池塘里的水蛭，要比生长在河底坚硬池塘里的水蛭生长缓慢。实践分析推测，水蛭的后吸盘在坚硬底上爬行，也许会促进消化功能，从而加快了生长速度，而水泥池的池底和池壁都是硬的，满足了水蛭爬行时的需求。

5. 方便捕捞

在进行池塘养殖时，水体空间的利用率低，水蛭到了冬季就会钻到泥里，导致采捕时的效率不高。而进行水泥池养殖时，由于没有泥土供它们钻洞，所以在捕捞时，只要用网子往池底部一兜，就很少有漏网的水蛭了，捕捞不但方便，而且捕捞率几乎达到 100%。

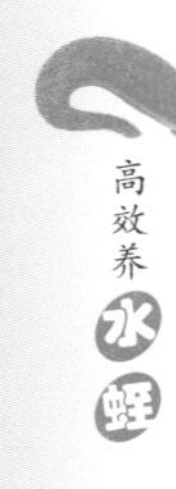

6. 管理方便

在日常管理中，能及时观察到不健康的水蛭，包括养殖期间的正常性伤亡蛭，能随时捞上来加工，以待销售，不会造成损失。在池内水质污染或产生病菌时，能在短时间内更换新水或清池消毒，而且换水也容易，不会影响大面养殖区域。

7. 效益较高

利用水泥池养殖，人工创造水蛭的生长环境，进行立体高密度养殖，效益倍增。

【提示】利用水泥池养殖水蛭解决了捕捞不方便、劳动强度大、起捕率不高的问题，为大规模生产水蛭开辟了广阔的前景。当然风险系数也大大增加，建议刚刚开始从事水蛭养殖的人，还是谨慎为好。

二 水泥池场地选择与建设

养殖场地要选在交通方便、电力有保障、水质良好的地方，有温水的地方更佳，可以通过调节水温使水蛭一直处在最适合的水温条件下生长。

养殖水蛭的养殖池用砖块砌成的水泥池，或将池子底部铺上专用的硬质薄膜，池子一般长5m、宽4m，面积在20m^{2}左右，水深40cm，可多池并排建成地下式或地上式等，但每池应有独立的进水和排水系统，以利于防病（图7-16）。

池塘四周壁高80cm，并用水泥抹平，壁顶用砖横砌成T字形压口，用以水蛭防逃和水蛇进入（图7-17），池壁顶下15cm处安装直径10cm的溢水管，呈双T形（溢水管、排水管的方向与排水沟应在同一边）。水泥池一边池壁顶下10cm处设直径10cm的进水管，另一边池底设直径8cm的排水管并安开关1个，池底的设计要有利于集中排污，排水管处池内下挖30cm深、面积3m^{2}的长方形集蛭坑，以便水蛭夏天避暑和捕捞方便。进水管、溢水管、排水管的管口要用纱网包好。排水沟留在两池之间，沟宽20cm，沟深约30cm。

图 7-16　清整的水泥养殖池

图 7-17　水泥池养殖水蛭

三 水泥池的处理

老的水泥池在使用前要进行检查，不能出现破损、漏水的现象，并用药物进行消毒后方可用于水蛭的放养。

新建的砖砌水泥池也不能直接用于水蛭的养殖，必须进行脱碱处理。这是因为新建造的水泥池，混凝土含有大量水泥碱（硅酸盐水泥、氢氧化钙等），对氧有强烈的吸收作用，可使水中溶氧量降低，pH 上升，形成过多的碳酸钙沉淀物。为了给水蛭创造一个良好的生长环境，有必要对新修建的水泥池在使用前进行脱碱处理，处理后的水泥池经试水确认对水蛭安全后方可使用。脱碱可以采用以下几种方法。

1. 冰醋酸法

新建的水泥池，需用冰醋酸予以中和。在新池注满水后，可用10%的冰醋酸洗刷水泥池表面，然后蓄满水浸泡 5 ~ 7 天，更换新水后即可投放种苗。

也可以用冰醋酸这样处理：每 $1m^2$ 面积水池加入约 50g 冰醋酸均匀混合，24h 后排出；再重复 1 次，3 ~ 5 天后排走；再放清水浸泡 2 ~ 3 遍。然后放养一些幼小的水蛭入池以了解水质安全性，如试水的水蛭反应良好，则可大量进行水蛭的养殖了。

2. 过磷酸钙法

对新建造的水泥池，加满水后，按每立方米水体加入 1kg 过磷酸钙浸池泡上 2 ~ 3 天，每天搅拌一次，放掉旧水，换上新水后即可

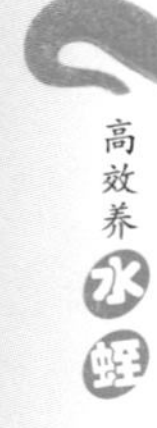

投放种苗。

3. 酸性磷酸钠法

新建的水泥池，蓄满水后按每立方米溶入20g酸性磷酸钠，浸泡1~2天，更换新水后即可投放种苗。

4. 漂白粉法

先注入少量水，用毛刷带水洗刷全池各处，再用清水冲洗干净后注入新水，用10mg/L漂白粉溶液泼洒全池，浸泡5~7天后即可放养水蛭使用。

5. 高锰酸钾法

在新建的水泥池里先注入少量水，用毛刷带水洗刷全池各处，用清水冲洗干净。晾晒一天后再次注入新水，用10mg/L高锰酸钾溶液泼洒全池，浸泡2天后即可放养水蛭使用。

6. 硫代硫酸钠法

新建的水泥池必须先用硫代硫酸钠进行脱碱。将水泥池注入水，药物的用量为每立方米1g，浸泡15天后试水，确认无毒时才能放养水蛭苗种。

7. 稻草法

将水泥池加满水后，放上一层稻草或麦秸秆，浸泡一个月左右使用。

8. 水泡法

将水泥池注满水后，浸泡3~4天，换上新水再浸泡3~4天，反复换4~5遍清水就可以了。

9. 薯类脱碱法

新建水泥池急需投放种苗但手中一时没有合适的药物时，可采用番薯、土豆等薯类擦抹池壁，使淀粉浆粘在池表面，然后再涂上一层烂泥土，浸泡1天即可脱碱。

四 底质控制

由于水泥养殖池中的底部全是用水泥抹平的，没有泥土，因此需要在池子里添加一些多孔塑料泡沫或木块、水草等非泥土介质，对底质进行控制，方便水蛭钻入洞孔或吸附在里面进行栖息、隐匿。既可多层次立体利用水体，又便于捕捞水蛭，效果不错。水泥池底质介质包括以下几类。

1. 细沙

这是水泥池养殖水蛭底质介质使用最方便的一种，类似于泥土，但比泥土干净卫生，使用成本也不高，缺点就是再次使用时清洗比较麻烦。

2. 多孔塑料泡沫

这是目前运用较多的一种，由于来源方便，加上轻便耐用，所以使用范围较广。可选择厚度为 15～20cm 的塑料泡沫，长度、大小没有特别的要求，在上面每隔 5～7cm 钻数个直径为 2cm 的孔洞。然后将若干个已经钻好孔的塑料泡沫重叠在一起，形成一个大的立体状，好像高楼大厦一样，最后将这些塑料泡沫加以固定，让它浮在水面以下，但不露出水面。

3. 多孔管

可以在池中放置一些多孔管或塑料管，这些管子长 25cm、孔径 2cm 左右，先将 10 根管子扎成一排，然后垒放在池子里，可以垒放 3～5 层。

4. 多孔木块或混凝土块

这类与多孔塑料泡沫效果差不多，同样需要在木块上钻孔，多孔木块或混凝土块的大小、厚度、间距与多孔塑料泡沫一样，每 3 块板叠成一堆后铺排在水中，从底往上排，每平方米水面下放一堆。由市场上购买的混凝土空心砖，规格为 39cm × 19cm × 15cm。用时将它成纵列竖立排在池底上，每平方米放 3 块。

5. 秸秆

就是先在池底铺上一层厚约 15cm 的禾秆或麦秆，上面覆盖几排筒瓦并相互固定好，然后再在上面放一层秸秆和一层瓦片。

也可以直接用秸秆捆，把经选择好的没有霉烂、晾干的玉米秸或高粱秸、芝麻秆和油菜秆等秸秆，用 10 号铁丝扎成捆，每捆直径为 40～50cm。用钢钎或木棒在它上面捣一些孔径为 5～8cm 的洞，绑上沉石，将它平沉池底，每 $2m^2$ 放一捆。

6. 水草

在养蛭池中放水花生、凤眼莲、慈姑（彩图 7-11）等水草，漂

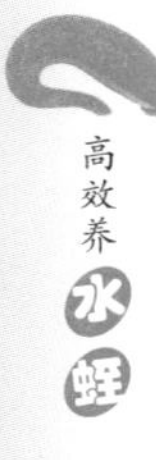

浮在水面，也可以沿池壁四周用绳固定水草区域，夏热时节为水蛭遮阳、降温防暑。水草根系发达，不仅给水蛭提供了良好的栖息场所，水蛭也可以吸附在草根里，还可调节水温，净化水质，改善池内的生态环境。水草的覆盖面积占水面总面积的1/3左右，为水蛭提供了一个良好的栖息场所。

五 苗种放养

放养水蛭时，水泥池的水深控制在25cm左右为宜。在放养水蛭苗之前，应对一些残伤、形态不正、杂种、病态的水蛭种苗进行剔除。幼蛭体长在2cm左右，每平方米可以放水蛭幼苗70～100条为宜。

由于水泥池养殖是不适宜水蛭进行自然繁殖的，因此不需要投放种蛭，基本上是以幼蛭为主，最好是选两个月以上的健康水蛭作为种苗，幼蛭的个体越大、越健壮，它们的成活率也越高，增长也越快，商品水蛭的个体也越大，也越受市场欢迎（图7-18）。

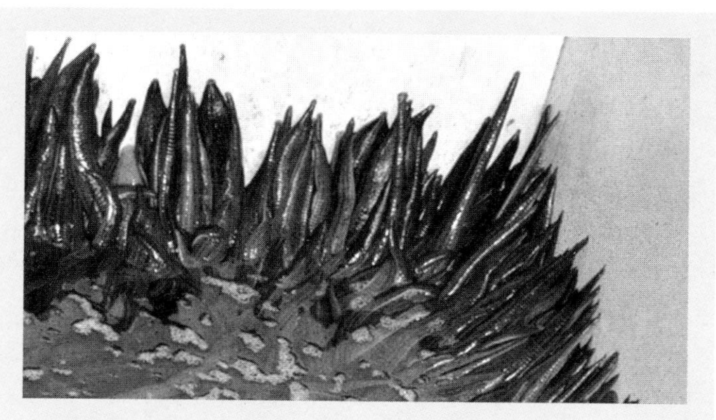

图7-18　水泥养殖池养殖的水蛭

六 水质控制

在水泥池中养殖水蛭时，由于没有底泥的自净作用，对水质的要求比较严格。

首先是调节水质。水源是水蛭生存的主要条件，直接影响其生长、发育和繁殖。在水泥池中养殖水蛭时，由于投放的密度大，水质较易恶化，所以水质一定要调节好，要求水质肥爽清新，不要有异味异色，可以2~3天换一次水，如果有微流水不断流入更好。换水时应先将池底污浊的水排出，然后加入新鲜的水，同时要定期清理养殖池，清除池子里的杂物（图7-19）。

图7-19 及时清除池里的杂物

除了定期换冲水进行水质调节外，目前还利用某些微生物将水体或底质沉淀物中的有机物、氨氮、亚硝态氮分解吸收，转化为有益或无害物质，而达到水质（底质）环境改良、净化的目的。这种微生物净化剂具有安全、可靠和高效率的特点。目前这一类微生物种类很多，通称有益细菌，在养殖水蛭时最常用的有光合细菌、芽胞杆菌、EM原露等。

其次是水温控制。养殖池的水温最好在10~35℃，在10℃以下水蛭就会停止摄食，35℃以上会影响水蛭的生长。当7~8月气温较高时，可以在水面上放养一些浮萍、凤眼莲等来庇荫。

最后就是夏季高温季节，需要用遮阳网遮阴（彩图7-12），一是降低水泥池中的水温，二是减少池子里水质恶化的机会。

七 科学投喂

在水泥池中养殖水蛭时，进行科学投喂是必不可少的，否则水

蛭就会因缺乏食物而不断消瘦甚至死亡。

1. 抢早

水泥池养殖水蛭时，水泥池的面积小，人工可控性能较强，尤其是水温容易控制。为了人为地延长水蛭的生长周期，加速水蛭的生长发育，可以在条件适宜时，尤其是温度条件达到水蛭有摄食欲望时，尽可能早一点投喂，在有限的投饵期内，增加投料次数，让水蛭吃好、吃饱，摄入更多的营养，促进它的快速发育。根据水蛭的生活特性和摄食规律，每次投喂的时间宜安排在8：00～11：00进行，如果时间过早的话，在8：00以前，池水的水温还没有达到最适要求，水蛭的食欲会受到影响；而时间向后推迟较长，到了中午以后，太阳光的照射下，光线过强，辐射较大，水蛭会不由自主地躲避起来，而会影响它们的摄食。当然，这个时间也不是绝对的，到了盛夏温度较高的时期，投喂的时间可提前一两个小时，以7：00～8：00投喂为佳。

2. 定质

投喂的饵料要求适口、新鲜，且营养丰富，能满足水蛭的生长发育所需，更重要的一点就是所投喂的饵料最好是水蛭能喜食的，这样就能激发水蛭的摄食欲望。吸血类水蛭在投喂血液饵料时，要注意以下几点：一是血液的来源要规范，渠道要可靠，要有安全保证。二是血液要新鲜，如果有时间的话，最好是自己亲自取血。三是取血时要求血液是干净的，不能人为地添加任何物质，包括防腐剂、生长促长剂、凝血剂、溶血剂等。四是在不同的生长阶段，由于水蛭的生长发育进程不同，加上它们不同时期对饵料的吸收和消化能力也有差异，要根据它们具体的生长情况及时地调整饵料配方中各种原料的配比。总的来说，水蛭的规格越小，对饵料的质量要求也越高，进入冬眠期，要加大能量饵料的投喂量，提高配方里蛋白质尤其是动物蛋白的含量，这样就有利于水蛭体内脂肪的积累和性腺的发育。五是在血液来源得不到保证，或者是为了减少人工投入，可以选择使用配方饵料。一定要注意选择正规生产厂家生产的饵料，在投喂前要仔细检查，确保质量有保证，主要是看三点，没有霉变腐败、有强烈的诱食性和粒径大小适宜的适口性。

对于非吸血类的水蛭，在饵料的质量要求上也是一样的，也要满足优质饵料的一些基本要求，比如供应的软体动物必须是鲜活的，对于死亡的尤其是变臭的一定要在投喂前拣走。

3. 定量

水蛭的食性很有特点，一是贪食性，二是间歇性采食，三是耐饥性。对于这几点，我们在养殖中也深有体会，就是通常情况下，水蛭的一次性采食量很大。以吸血类水蛭到来说，有时能看到它吸血太多，将整个身体涨得圆滚滚的，甚至导致它行动不方便。根据研究表明，它的一次采食量能达到它自身体重的 2 ~ 10 倍。由于是间歇性采食，一旦它们有机会接触到喜食的饵料时，就会不计后果地拼命采食，尤其是那些饥饿的吸血类水蛭，情况甚至比这更严重。所以说在投喂时有时并不能很好地控制和掌握它们的摄食量，就有必要在投喂时对它们进行定量管理，确保水蛭能合理、适量地摄食。当然，这里的定量与我们通常投喂时的每天甚至每餐的投喂量相对恒定是不同的，是指通过计算来确定一个生长周期（目前主要是指一年内可以用来投喂饵料的有效时间）内的饵料需要量，这样就可以从整体上进行管理，确保饵料的利用率和饵料的投喂成本。由于水泥池的可控性较强，因此在这种养殖环境下进行整体定量管控是可行的。

第六节 稻田养殖水蛭

稻田养殖水蛭（彩图 7-13）是指将稻田这种潜在水域加以改造后用来养殖水蛭的一种模式，进行稻田养殖水蛭不仅投资省、见效快，而且还有节肥、增产、省工的好处。

一 稻田养殖水蛭的原理

利用稻田养殖水蛭是生物共生原理的具体体现，它的内涵就是以废补缺、互利互助、化害为利。稻田是一个人为控制的小生态系统，稻田养了水蛭，促进稻田生态系中能量和物质的良性循环，使其生态系统又有了新的变化。稻田中的杂草、虫子、稻脚叶、底栖生物和浮游生物对水稻来说不但是废物，而且都是争肥的，如果在

稻田里放养水蛭，不仅可以将这些生物作为水蛭的直接饵料或间接饵料，促进水蛭的生长，同时也消除了与水稻争肥的对象，而且水蛭的粪便还为水稻提供了优质肥料。另外，水蛭在田间栖息，爬行觅食，疏松了土壤，破碎了土表“着生藻类”和氮化层的封固，有效地改善了土壤通气条件，又加速肥料的分解，促进了稻谷生长，从而达到水稻和水蛭双丰收的目的。总之，稻田养殖水蛭是综合利用水稻、水蛭的生态特点达到稻蛭共生、相互利用，从而使稻蛭双丰收目的的一种高效立体生态农业，是动植物生产有机结合的典范，是农村种养殖立体开发的有效途径。

二 稻田养殖水蛭的特点

一是立体种养殖的模范。在一块稻田中既能种稻也能养水蛭，把植物和动物、种植业和养殖业有机结合起来，更好地保持农田生态系统物质和能量的良性循环，实现稻蛭双丰收。

二是环境特殊。稻田属于浅水环境，浅水期仅7cm水，深水时也不过20cm左右，因而水温变化较大，为了保持水温的相对稳定，在稻田中间和四周开挖一些沟沟坎坎等田间设施是必须要做的工程之一。另外，水中溶解氧充足，经常保持在4.5～5.5mg/L，且水经常流动交换，放养密度又低，所以水蛭的疾病较少。

三是稻田养殖水蛭的模式为养殖业增加新的水域，不需要占用现有养殖水面，开辟了养殖生产的新途径和新的养殖水域。

四是保护生态环境，有利于改良农村环境卫生。在稻田养殖水蛭的生产实践中发现，利用稻田养殖水蛭后，稻田里及附近的摇蚊幼虫密度明显地降低，最多可下降50%左右，成蚊密度也会下降15%左右，有利于提高人们的健康水平。

五是增加收入。利用稻田养殖水蛭后，稻田的平均产量不但没有下降，还会提高10%～20%，同时每亩地还能收获一定数量的商品水蛭，相对地降低了农业成本，增加了农民的实际收入。

六是一年投入多年受益。在稻田中养殖水蛭，当水稻生产结束后，水蛭还可以养殖一段时间，当湿度继续下降后，水蛭会进入泥土中进行冬眠，到第二年条件合适时又可以出来活动，因此在第一年投放水蛭苗种后，只要加强管理，就可以年复一年地收获水蛭了。

在农村生活的人们都知道，当农村在稻田里栽秧或拔草时，会有许多水蛭爬在腿上吸血，这些水蛭就是以前稻田中留下的，只要我们采取一定的保护措施，就足以让稻田中的水蛭得到永续利用。

三 养蛭稻田的生态条件

稻田的特点是水位浅，水温适宜，又有水稻遮阴，从含氧量到丰富的饵料都适合水蛭的生长和繁殖。因此，在我国大部分稻田中都生长有不同品种的水蛭。

但是养殖水蛭的稻田为了夺取高产，获得稻蛭双丰收，还是需要一定的生态条件做保证。根据稻田养水蛭的原理，我们认为一个高产的养水蛭稻田应具备以下生态条件：

1. 光照要合适

光照不但是水稻和稻田中一些植物进行光合作用的能量来源，也是水蛭生长发育所必需的，虽然说水蛭对光照有负趋光性，但是它的生命活动中也离不开适当的光照。可以这样说，光照条件直接影响稻谷产量和水蛭的产量。每年的6～7月，秧苗很小，因此阳光可直接照射到田面上，促使稻田水温升高，浮游生物迅速繁殖，为水蛭的生长提供了直接饵料和间接饵料。而此时水蛭刚刚从繁殖期恢复过来，活动还不是特别旺盛，在光照强烈时可以暂时蛰伏在稻田的泥土上休息，此时的光照对水稻是有利的，对水蛭也并无不适影响。当水稻生长至中后期时，也是一年中温度最高的季节，此时稻禾茂密，正好可以为水蛭遮阴，而此时也正是水蛭生长发育的旺盛时期。水蛭喜欢阴暗的环境，在水稻禾苗的遮挡下，水蛭的活动可以说是如鱼得水，白天和夜间都会大量活动，摄食欲望也强，捕食能力也强，有利于水蛭的生长发育。

2. 水温要适宜

稻田水浅，一般水温受气温影响甚大，有昼夜和季节变化，因此稻田里的水温比池塘的水温更易受环境的影响。另一方面，水蛭是一种变温动物，它的新陈代谢强度直接受到水温的影响，所以稻田水温将直接影响稻禾的生长和水蛭的生长。为了获取水稻和水蛭双丰收，必须为它们提供合适的水温条件，在早期可利用自然光照来促进水温的升高，促进水稻和水蛭的共同生长；到了水稻生长的

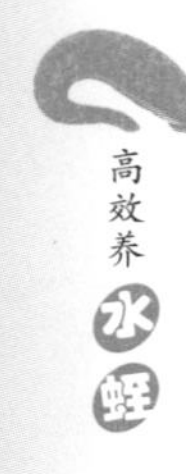

中晚期，高大的禾苗又为稻田里的水蛭提供一个凉爽荫蔽的环境，这时的温度也会比自然界的气温低好几度，正好处于水蛭最适宜生长的温度范围。

3. 溶氧要充分

稻田水中溶解氧的来源主要是大气中的氧气溶入和水稻及一些浮游植物的光合作用，因而氧气是非常充分的。水体中的溶氧越高，水蛭摄食量就越多，生长也越快。因此长时间地维持稻田养蛭水体较高的溶氧量，可以增加水蛭的产量。这种溶解氧在水稻早期是绝对没有问题的，为了提高稻田中后期的溶解氧，保证稻田能长时间保持较高的溶氧量，可以采取这几种方法：一是适当加大养殖水蛭的水体，主要技术措施是通过在稻田养殖初期开挖田间沟和环沟来实现交换溶解氧的功能；二是尽可能地创造条件，保持一定的微流水环境；三是经常换冲水或及时添加田水也能带来丰富的氧气；四是及时清除田中水蛭未吃完的剩饵和其他生物尸体等有机物质，减少它们因腐败而导致水质的恶化。

4. 天然饵料要丰富

一般稻田由于水浅，温度高，光照充足，溶氧量高，适宜水生植物生长，植物的有机碎屑又为底栖生物、水生昆虫和昆虫幼虫繁殖生长创造了条件，从而为稻田中的水蛭提供较为丰富的天然饵料，有利于水蛭的生长。

四 稻田的选择

养殖水蛭的稻田要有一定的环境条件才行，不是所有的稻田都能用来养殖水蛭的。

1. 水源

选择养殖水蛭的稻田，应选择排灌方便、水源充足、水质良好，雨季水多不漫田、旱季水少不干涸、无有毒污水、无低温冷浸水流入、周围无污染源、保水能力较强的田块，农田水利工程设施要配套，有一定的灌排条件，低洼稻田更佳。

2. 土质

由于黏性土壤的保持力强，土质也肥沃，因此要选择保水力强和肥力好的田块，这样的田块渗漏力较小，这种稻田是可以用来养殖水蛭的。而矿质土壤、盐碱土以及渗水漏水、土质瘠薄的稻田均不宜养殖水蛭。

3. 面积

面积少则几亩，多则十几亩，面积大比面积小更好，但是也不能一味求大，一般可控制在最大不要超过 15 亩的规模。

4. 其他条件

稻田周围没有高大树木，要有桥涵闸站配套，通水、通电、通路。

五 田间工程建设

对养殖水蛭的稻田要进行适当的田间工程建设，这是最主要的一项工程，也是直接影响水蛭产量和效益的一项工程，千万不能马虎。

1. 开挖田间沟和环沟

养殖水蛭的稻田田埂要相对比一般稻田高一点，正常情况下要能保证关住 20～40cm 的水深。除了田埂要求外，还必须适当开挖田间沟，这是科学养殖水蛭的重要技术措施。稻田因水位较浅，夏季高温对水蛭的影响较大，因此必须在稻田四周开挖环形沟。面积较大的稻田，根据地块的大小，在稻田的中间，还应开挖“田”字形或“川”字形或“井”字形的田间沟。环形沟距田间 1.5m 左右，环形沟上口宽 3m，下口宽 0.8m；田间沟沟宽 1.5m，深 0.5～0.8m，坡比 1∶2.5。田间沟既可防止水田干涸和作为烤稻田、施追肥、喷农药时水蛭的退避处，也是夏季高温时水蛭栖息隐蔽的场所，沟的总面积占稻田面积的 5%～10%。

也有的养殖户直接在田块中间挖一个或几个池塘。一般以 $100m^2$ 田块中间挖一个 $1m^2$ 的池塘为宜，池塘与池塘之间，以及在稻田的四周挖深、宽各约 30cm 的保护连通沟，使池、沟相通。

2. 加高加固田埂

为了保证养水蛭的稻田达到一定的水位，增加水蛭活动的立体空间，须加高、加宽、加固田埂，平整田面，可将开挖环形沟的泥土垒在田埂上并夯实，确保田埂高达 1.0～1.2m，宽 1.2～1.5m。田埂加固时每加一层泥土都要打紧夯实，要求做到不裂、不漏、不垮，

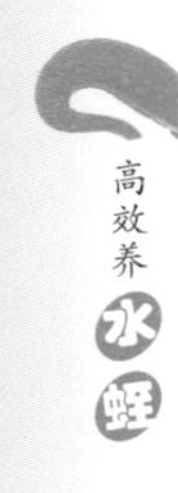

在水满时不能崩塌。

3. 防逃设施

如果要想在稻田中进行高密度的养殖，取得高产量和高效益，在田埂上建设防逃设施是很有必要的。具体的防逃设施与其他养殖方式基本上是一样的，就是在田埂上采取水蛭专用防逃网将稻田圈围起来，在圈围时要注意将网布拉紧，每隔 50m 左右就用木桩固定在田埂上，要注意将网布向稻田内倾斜 15°角，网布上沿再用细铁丝绷紧就可以了（图 7-20）。如果有条件的话，还可以在离网布上沿 10cm 处缝一条宽 15cm 左右的硬质塑料薄膜，一定要注意缝在网布的内缘。

图 7-20　稻田养水蛭的防逃设施

【提示】 在稻田开设的进、排水口应用双层密网防逃，同时为了防止夏天雨季冲毁堤埂，稻田应开施一个溢水口，溢水口也用双层密网过滤，防止水蛭乘机逃走。

4. 放养前的准备工作

一是及时杀灭敌害。在放养水蛭前 10 ~ 15 天，要清理一次环形沟和田间沟（或沟内小池塘），除去浮土，修正垮塌的沟壁，每亩稻田的环形沟和田间沟用10~15kg生石灰进行彻底清沟消毒，或选用鱼藤酮、茶粕、漂白粉等药物杀灭田鼠、水蛇等水生敌害、寄生虫和致病菌等。

二是种植水草，营造适宜的生存环境。在环形沟及田间沟种植如聚草、苦草、水花生、空心菜、马来眼子菜、轮叶黑藻、金鱼藻等沉水性水生植物，并在水面上移养漂浮水生植物如芜萍、紫背浮萍、凤眼莲等，但要控制水草的面积，一般水草占田间沟面积的10%~20%，以零星分布为好，不要聚集在一起，这样有利于田间沟内水流畅通无阻塞。还可在离田埂1m处，每隔3m打一处1.5m高的桩，用毛竹架设，在田埂边种瓜、豆、葫芦等，等到藤蔓上架后，在炎夏可以起到遮阴避暑的作用。

三是施足基肥，培肥水体，调节水质。为了保证水蛭有充足的直接活饵料或间接活饵料供取食，可在放种苗前一个星期，往田间沟中注水50~80cm，然后施有机肥，常用干鸡粪、猪粪来培养饵料生物，每亩施农家肥500kg，一次施足，并及时调节水质，确保养蛭水质保持“肥、活、嫩、爽、清”的要求。

四是设置适当的隐藏环境，可以用树枝、瓦块、石头等来设置，为水蛭提供隐蔽的场所，这将会有助于水蛭的成活率（彩图7-14）。

六 水稻栽培

1. 水稻品种选择

水稻品种要选择经国家审定的，适合本区域种植的优质高产高抗品种，要求叶片开张角度小，属于抗病虫害、抗倒伏且耐肥性强的紧穗型品种，目前常用的品种有丰两优系列、新两优系列、两优培九、汕优系列、协优系列等优质高产品种。

2. 整地方式和要求

先施基肥后整地，用机械干耕，后上水耙田，再带水整平。

3. 施肥方式和使用量

中等肥力田块，每亩施腐熟厩肥3000kg，同时播施氮肥8kg，磷肥（P_2O_5）6kg，钾肥（K_2O）8kg，均匀地撒在田面并用机器翻耕耙匀。

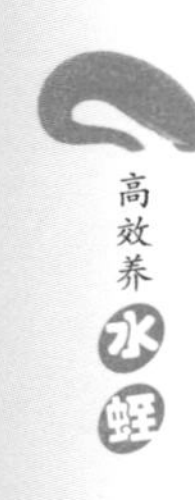

4. 育苗和秧苗移植

全部采用肥床旱育模式，稻种浸种不催芽，直接落谷，按照肥床旱育要求进行操作。

秧苗一般在5月中旬、秧龄达30~35天开始移植，移栽时水深3cm左右，采取条栽与边行密植相结合、浅水栽插的方法。为了让禾苗早日成活，提供更多的生长时间供水蛭发育，建议养殖水蛭的稻田宜提早10天左右进行栽插。在移植时要充分发挥宽行稀植和边坡优势的技术，确定每亩移栽1.5万~2万穴，杂交稻每穴1~2粒种子苗，其株行距为13.3cm×30cm或13.3cm×25cm，确保水蛭在田面活动时的生活环境通风透气性能好。旱育秧移栽大田不落黄，返青快，栽后3天活棵，5天后开始新的分蘖（图7-21）。

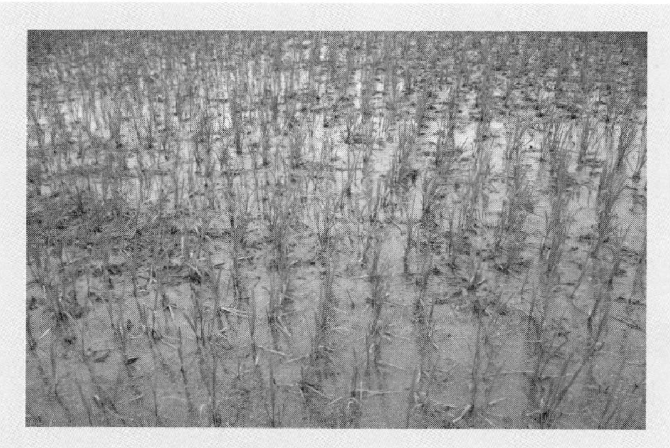

图7-21　刚移植的禾苗

七 水蛭放养

不论是投放当年培育有水蛭苗种，还是放养即将怀孕产卵的亲水蛭，应力争一个“早”字。早放既可延长水蛭在稻田中的生长期，又能充分利用稻田施肥后所培养的大量天然饵料资源。

为了促进水蛭在稻田中的自然增殖能力，提高以后稻田里水蛭的群体数量，水蛭的放养建议是以亲蛭为主（彩图7-15），每亩放养5000条左右。在放养后的第一年里，大部分水蛭会繁殖，此时可捕捞出已经繁殖过的亲体水蛭，这种水蛭的规格都是比较大的，价格也比较高，可以收回当年苗种投入的本钱，繁殖的幼蛭留在第二年再进行捕捞。

如果是放养幼蛭，2 月龄以下的，每亩可以放养 10000 条；如果是 2 ~ 4 月龄的，放养密度可以稀一点，每亩放养 8000 条；如果是放养 4 月龄以上的，则放养密度还要稀一点，每亩 5000 条就可以了。

在稻田里放养水蛭时，一般选择晴天早晨和傍晚或阴雨天进行，这时天气凉快，水温稳定，有利于放养的水蛭能及时适应新的环境。放养时，要有耐心，千万不要将所有的水蛭一股脑儿地倒在一起，可以沿田间沟四周多点投放，最好是将装在盆里且消毒后的水蛭轻轻地倾斜，让水蛭慢慢地爬到田间沟里，使水蛭苗种在沟内均匀分布。在放养水蛭时，要注意水蛭的质量，同一田块放养规格要尽可能整齐，放养时一次放足。放养时用 3% ~ 4% 的食盐水浴洗 5min 消毒。

八 水位调节

水位调节是稻田养殖水蛭过程中的重要一环，应以稻为主，在水蛭放养初期，田水宜浅，保持在 10cm 左右，随着水蛭的不断长大和水稻的抽穗、扬花、灌浆均需大量水，所以可将田水逐渐加深到 20 ~ 25cm，以确保两者（蛭和稻）需水量。在水稻有效分蘖期采取浅灌，保证水稻的正常生长；进入水稻无效分蘖期，水深可调节到 20cm，既增加水蛭的活动空间，又促进水稻的增产。同时，还要注意观察田沟水质变化，一般每 3 ~ 5 天加注新水一次；盛夏季节，每 1 ~ 2 天加注一次新水，以保持田水清新和提供充足的氧气。

九 投饵管理

首先通过施足基肥，适时追肥，培育大批枝角类、桡足类以及底栖生物作为水蛭适口的直接饵料和间接饵料，同时在 3 月还应放养一部分螺蛳，每亩稻田 100 ~ 150kg，并移栽足够的水草，为水蛭的生长发育提供丰富的天然饲料。

其次是加强人工饲料的投喂，投喂时也要实行定时、定位、定

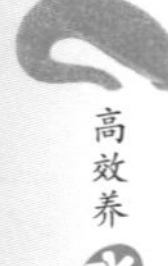

量、定质的投饵技巧。早期每天分上午、下午各投喂一次；后期在傍晚16：00～17：00多投喂。投喂饵料多为鲜活的小杂鱼、锤碎的螺蛳肉和河蚌肉、蚯蚓、动物内脏、屠宰厂的下脚料、蚕蛹，配喂玉米粉、小麦粉、大麦粉、豆类、新鲜蔬菜、瓜果等。还可投喂适量植物性饲料，如风眼莲、水芜萍、水浮萍等。平时要坚持勤检查水蛭的吃食情况，当天投喂的饵料在2h内被吃完，说明投饵量不足，应适当增加投饵量，如在第二天还有剩余，则投饵量要适当减少。

十 科学施肥

养殖水蛭的稻田一般以施基肥和腐熟的农家肥为主，基肥要足，促进水稻稳定生长，保持中期不脱力、后期不早衰，群体易控制，达到肥力持久长效的目的。每亩可施农家肥300kg、尿素20kg、过磷酸钙20～25kg、硫酸钾5kg，在插秧前一次施入耕作层内。放养水蛭后一般不施追肥，以免降低田中水体溶解氧，同时也可能会毒害水蛭，从而影响水蛭的正常生长。如果发现水稻发黄脱叶，有缺肥的现象，可少量追施尿素，每亩不超过5kg，或用复合肥10kg/亩，或用人、畜粪堆制的有机肥。追肥时要做到对水蛭的生长没有任何不良影响，先慢慢地排浅田水，并用新鲜猪血引诱，让水蛭集中到环沟、田间沟中或中间的小池塘里再施肥，有助于肥料迅速沉积于底泥中并为田泥和禾苗吸收，随即加深田水到正常深度。也可采取少量多次、分片撒肥、根外施肥或球肥深施的方法。

十一 科学施药

在稻田里养殖水蛭，能不用药时坚决不用，需要用药时则选用高效低毒的农药及生物制剂，在水蛭苗种入田后，如果再发生草荒时，最好是采用人工拔除的方法。这是因为一方面水蛭对很多农药都很敏感，另一方面稻田养殖水蛭能有效地抑制杂草生长，水蛭可以以昆虫为直接饵料或间接饵料，从而降低病虫害对水稻的影响，所以要尽量减少除草剂及农药的施用。

【提示】 如果确因稻田病害或水蛭疾病严重需要用药时，应掌握以下几个关键：①科学诊断，对症下药；②选择高效低毒低残留农药或无毒农药；③喷洒农药时，一般应先把水蛭用动物血引诱到田间沟或稻田中间的小池塘里，然后再慢慢地放干稻田表层水，待水蛭都慢慢地进入到田间沟或小池塘里时再用药，待8h后立即上水至正常水位；④施农药时要注意严格把握农药安全使用浓度，确保水蛭的安全，粉剂药物应在早晨露水未干时喷施，水剂和乳剂药应在下午喷洒，因稻叶下午干燥，能保证大部分药液吸附在水稻上，尽量不喷入水中；⑤降水速度要缓，等水蛭爬进田间沟或小池塘后再施药；⑥可采取分片分批的用药方法，即先施稻田一半，过两天再施另一半，同时要尽量避免农药直接落入水中，保证水蛭的安全。

十二 科学晒田

农谚对水稻用水进行了科学的总结，那就是“浅水栽秧、深水活棵、薄水分蘖、脱水晒田、复水长粗、厚水抽穗、湿润灌浆、干干湿湿”。水稻在生长发育过程中的需水情况是变化的，养殖水蛭的水稻田，养殖需水与水稻需水是主要矛盾。如果田间水量多，水层保持时间长，对水蛭的生长是有利的，但对水稻生长却是不利的，尤其是禾苗分蘖时对水的要求更加严格。有经验的老农常常会采用晒田的方法来抑制无效分蘖，促进根系的生长，健壮茎秆，防后期倒伏，一般是当茎蘖数达计划穗数80%～90%开始自然落干晒田，这时的水位很浅，这对养殖水蛭是非常不利的，因此做好稻田的水位调控工作是非常有必要的，生产实践中我们总结了一条经验，那就是“平时水沿堤，晒田水位低，沟池起作用，晒田不伤蛭”。晒田前，要清理田间沟和小池塘，严防田间沟的阻隔与淤塞。晒田总的要求是轻晒、轻烤或短期晒，晒田时，不能完全将田水排干，沟内水深保持在20cm，使田块中间不陷脚，田边表土不裂缝和发白，以见水稻浮根泛白为适度。晒田时间尽量要短，晒好田后，及时恢复原水位。

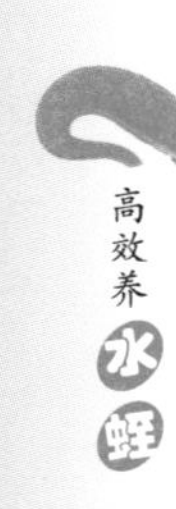

十三 加强其他管理

其他的日常管理工作包括勤巡田、勤检查、勤研究、勤记录。坚持早晚巡田，检查沟内水色变化和水蛭的活动、摄食、生长情况，决定投饵、施肥数量；检查堤埂是否塌漏，平水缺、进出水口筛网是否牢固，防止水蛭逃跑和敌害进入；检查田间沟、小池塘，及时清理，防止堵塞；汛期防止漫田而发生逃蛭的事故；检查水源水质情况，防止有害污水进入稻田；维持田间沟内有较多的水生植物，数量不足要及时补放；在高温季节，每10天换1次水，每次换水1/3，每20天泼洒1次生石灰水调节水质。因此，在日常管理时要及时分析存在的问题，做好田块档案记录。

第七节　沼泽地和洼地养殖水蛭

一 沼泽地养殖水蛭

1. 沼泽地的特点

沼泽地的最明显特点就是面积比较大，水陆参差不齐，有水的地方水位虽然高低不一，但相对较浅，非常适宜水蛭的生长（彩图7-16）。

2. 沼泽地养殖水蛭的优势

沼泽地里的水生植物茂盛，沼泽地底层有机物、腐殖质含量较多，浮游生物、水生动物丰富，水蛭喜欢的天然饵料比较丰富，因此非常适宜发展水蛭的养殖。

3. 防逃设施

在沼泽地里养殖水蛭，一般只要在圈定的范围内建好围栏就可以放养水蛭了，不需要像集约化养殖那样投入较大的资金用于防逃。

4. 水蛭的放养

为了促进水蛭在野外的自然增殖能力，提高沼泽地里水蛭的群体数量，水蛭的放养建议是以亲蛭为主，每亩放养2000条左右，在放养后的第一年里不要捕捞，第二年再开始捕捞。

如果是放养幼蛭，2月龄以下的，每亩可以放养10000条；如果是2～4月龄的，放养密度可以稀一点，每亩放养6000条；如果是放养4月龄以上的，则放养密度还要稀一点，每亩4500条就可以了。

5. 补充饵料

在沼泽地中养殖水蛭，一般是不需要投喂饲料的，沼泽地中的野生水草和野杂鱼类等足以满足水蛭的生长需要。

在水蛭放养后，还是要及时进行观察，当发现水蛭增殖较快，水草边上爬满水蛭时，这时就要适当补充饵料了。可定期投放一些猪血或屠宰下脚料，同时向沼泽地里补充一些田螺和河蚌。

6. 捕捞

从第二年的4月开始，定期对水蛭进行生长监控，当发现水蛭达到上市规格时，可以用诱捕的方法来进行捕捉，在捕捞时要注意捕大留小，以后每年只是收获，无须放种。一旦发现捕捞强度太大，影响到第二年的生产力时，就要及时补充苗种。

二 洼地养殖水蛭

1. 洼地养殖水蛭的优势

洼地的生态条件多种多样，但它具有养殖水蛭的一些优点：一是低洼地多分布在江河中下游和湖泊水库的中下游，附近水源充足，面积较大，可采用自然增殖和人工养殖相结合的方式，减少人为投入尤其是水蛭苗种的投入；二是在洼地里多生长着芦苇等各种各样的杂草，这些杂草也是水蛭的直接饵料或间接饵料；三是低洼地里的水温相对较高，水位较浅，水体交换容易，溶氧充足；四是在低洼地里，田螺、河蚌等底栖生物较多，有利于水蛭的生长。

2. 洼地的改造

并不是所有的洼地都适宜养殖水蛭。在生产实践中，我们认为一定要选择交通方便、水源充沛、水质无污染、便于排灌、沉水植物较多、底栖生物及小鱼虾饵料资源丰富、有堤或便于筑堤、能避洪涝和干旱之害的地方，在选择好后，就要对洼地进行适当的改造，使之更加适合水蛭的养殖和增殖。

一是选好地址。将要养水蛭的洼地选择好，在四周挖沟围堤，沟宽3~5m，深0.4~0.6m。

二是基础建设。在选择好的面积较大的洼地可以开挖“井”形和“田”形小沟，沟宽1~1.2m，深0.3~0.5m。

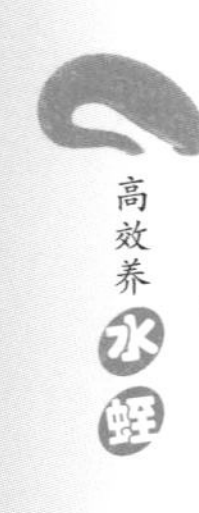

三是对洼地里没有水草的地方，可以考虑栽种一些聚藻、苦草等沉水植物。

四是要建好进、排水系统和防逃设施（彩图 7-17）。

3. 清除敌害

在野外，水蛭的敌害还是比较多的，最常见的就是水老鼠、水蛇和水蜈蚣等。在幼蛭刚放入时，由于它们的抵抗力很弱，极易受害，要及时清除敌害。可在水蛭苗种放养前 15 天，选择风平浪静的天气，采用电捕、地笼和网捕除野。用几台功率较大的电捕鱼器并排前行，来回几次，清捕野杂鱼及肉食性鱼类。药物清塘一般采用漂白粉，每亩用量 7.5kg，沿荡区中心泼洒。对鼠类可在专门的粘贴板上放诱饵，诱粘住它们，继而捕获。

4. 水蛭放养

蛭的放养以亲蛭为主，每亩放养 2500 条左右，在放养后的第一年里不要捕捞，第二年再开始捕捞。

如果是放养幼蛭，2 月龄以下的，每亩可以放养 10000 条；如果是2~4 月龄的，放养密度可以稀一点，每亩放养 6000 条；如果是放养 4 月龄以上的，则放养密度还要稀一点，每亩 5000 条就可以了。

5. 补充饵料

在水蛭放养后，要及时进行观察，当发现水蛭增殖较快时，就要适当补充饵料了。可定期投放一些猪血或屠宰下脚料，同时向洼地里补充一些田螺和河蚌。

6. 捕捞

从放养后的第三个月开始，定期对水蛭进行生长监控，当发现水蛭达到上市规格时，可以用诱捕的方法来进行捕捉，在捕捞时要注意捕大留小，以后每年只是收获，无须放种。

第八节　水蛭与经济水生作物的混养

目前，人工养水蛭应以生态养殖法为主，有条件的可用大棚温室进行养殖试验和驯化试验，养殖池中至少要有 1/2 以上的区域面积植物化。作为副业，在茭白田、慈姑地、藕池、稻田等地养水蛭也是一种可取的增值方法。

我国华东、华南、西南地区的莲藕田、茭白田、慈姑田星罗棋布，这些田块大多靠近湖泊、河道、沟渠，有的就是鱼塘改造而来的，水源充足，土质大多为黏壤土，有机质丰富、水质肥沃，水生植物、饵料生物丰盛，溶氧高，适合水蛭的生长。根据试验表明，水蛭与莲藕、芡实、空心菜、马蹄、慈姑、水芹、茭白、菱角等水生经济植物都可以进行科学混养，可以充分利用池塘中的水体、空间、肥力、溶氧、光照、热能和生物资源等自然条件，将种植业与养殖业结合在一起，可达到经济植物与水蛭双丰收的目的，是将种植业与养殖业相结合、立体开发利用的又一种好形式（图 7-22）。

图 7-22　水蛭与经济植物混养

一　莲藕池中混养水蛭

莲藕性喜向阳温暖环境，喜肥、喜水，适当温度亦能促进其生长，在池塘中种植莲藕可以改良池塘底质和水质，为水蛭提供良好的生态环境，有利于水蛭健康生长。另外莲藕池尤其是浅水藕池的水位不是太高，非常适合水蛭的需水要求，因此可以在莲藕池中混养水蛭。

藕池中混养水蛭，就是先在池内种植藕，等藕生长到一定程度后，再加深水位，放养水蛭，实现综合经营。藕可以吸收池中大量的营养成分，调节水质，使池水变得清新，有利于水蛭的生长。在炎热的夏季，荷叶可以为水蛭庇荫，防止水温过高，为水蛭提供良

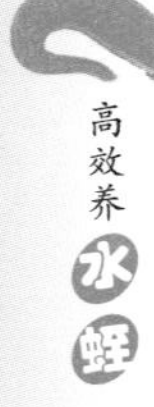

好的生长繁殖条件。而水蛭又可捕食池中的一些昆虫的幼体，使藕病虫害减少，对藕生长有利。因而可互利互补，提高产量，增加收益。且技术方法简单易行，操作方便，易于管理，经济效益较为明显，是一条良好的致富途径。

1. 藕塘的准备

莲藕池养殖水蛭，池塘要求选择通风向阳，光照好，池底平坦，水深适宜，水源充足，水质良好，排灌方便，水的 pH 为 6.5～8.5，溶氧不低于4mg/L，没有工业废水污染，注、排水方便，土层较厚，保水保肥性强，洪水不淹没，干旱时不缺水。面积 3～5 亩，平均水深 1.2m，东西向为好（彩图 7-18）。

2. 土方工程建设

养殖水蛭的藕塘，在使用前要先做一下基本改造，就是加高加宽加固池埂，埂一般比藕塘平面高出 0.5～1m，埂面宽 1～2m，敲打结实，堵塞漏洞，以防止水蛭逃走和提高蓄水能力。

在藕塘两边的对角设置进、出水口，进水口比塘面略高，出水口比四周围沟略低。进、出水口要安装密眼铁丝网，以防水蛭逃走和敌害生物进入。

藕田也要开挖围沟，目的是在高温、藕池浅灌、追肥时为水蛭提供藏身之地及投喂和观察其吃食、活动情况。沿藕塘四周开挖围沟，围沟距田埂内侧 1.5m 左右，沟宽 1.5m，深 0.8m。

3. 防逃设施

防逃设施也比较简单，和本章第七节的防逃措施是一样的。

4. 施肥

种藕前 15～20 天，土方工程完成后先翻耕晒塘，每亩撒施腐熟发酵的家畜粪便如鸡粪等及化肥作为基肥。施肥量比一般藕池要少，不可过多。一般施有机肥 300～500kg，耕翻耙平，施尿素 7～15kg、过磷酸钙 20～35kg，然后每亩用 80～100 千克生石灰消毒。

5. 选择优良种藕

种藕应选择少花无蓬、性状优良的品种，如慢藕、湖藕、鄂莲二号、鄂莲四号、海南洲、武莲二号、莲香一号、白莲藕等。种藕一般是临近栽植才挖起，需要选择具有本品种的特性，最好是有 3～4 节及以上，子藕、孙藕齐全的全藕，要求顶芽完整、种藕粗壮、芽旺，无病虫害，无损伤，2 节以上或整节藕均可。若使用前两节作为藕种，后把节必须保留完整，以防进水腐烂。

6. 种藕时间

种藕时间一般在清明至谷雨前后栽种为宜，一定要在种藕顶芽萌动前栽种完毕。

7. 排藕技术

莲藕下塘时宜采取随挖、随选、随栽的方法，也可实行催芽后栽植，如当天栽植不完，应洒水覆盖保湿，防止叶芽干枯。藕的栽种密度比一般藕池要稀些，行距为 2m×2.5m，穴距 1.5～2m，亩栽 130 穴左右，每穴排藕或子藕 2 枝，每亩需种藕 60～150kg。

栽植时分平栽和斜栽。深度以种藕不浮漂和不动摇为度。先按一定距离挖一斜行浅沟，将种藕藕头向下，倾斜埋入泥中或直接将种藕斜插入泥中，藕头入土的深度为 10～12cm，后把入泥 5cm。斜插时，把藕节翘起 20°～30°，以利吸收阳光，提高地温，提早发芽，要确保荷叶覆盖面积约占全池的 50%，不可过密。

【提示】 在栽植时，原则上藕田四周边行，藕头一律朝向田内，目的是防止藕鞭生长时伸出田外。相临两行的种藕位置应相互错开，藕头相互对应，以便将来藕鞭和叶片在田间均匀分布，以利高产。

在种藕的挖取、运输、种植时要仔细，防止损伤，特别要注意保护顶芽和须根。

8. 藕池水位调节

在藕蛭混作中，应以藕为主，以水蛭为辅。因此，水位的调节应服从于藕的生长需要，最好是水蛭和莲藕兼顾。莲藕适宜的生长温度是 21～25℃。因此，藕池的管理，主要通过放水深浅来调节温度。排藕 10 余天到萌芽期，藕处于萌芽阶段，为提高池温，水要浅，一般保持水深在 6cm 左右。随着气温不断升高，及时加注新水，在栽后 20～25 天有 1～2 张立叶时，即可加深水位到 20cm，以后随着分枝和立叶的旺盛生长，水深逐渐加深到 50cm，合理调节水深以

利于藕的正常光合作用和生长。7～9月，每15天换水10cm，换水可采用边排边灌的方法，秋分后气温下降，叶逐渐枯死，这时应放浅水位，水位控制在25cm左右，以提高地温，促进地下茎充实长圆。采收前一个月，水深再次降低到6cm，水过深要及时排除。

9. 水蛭放养

和池塘养殖水蛭的放养方法是一样的，只是放养量是池塘养殖数量的一半就可以了。

10. 水蛭投喂

在水蛭苗种下塘后第三天开始投喂。可选择围沟作为投饵点，每天投喂2次，分别为7：00～8：00、16：00～17：00，具体投喂数量根据天气、水质、水蛭吃食和活动情况灵活掌握。水蛭饵料的准备和投喂技巧见第六章第三节。

11. 巡视藕池

对藕池进行巡视是藕蛭生产过程中的基本工作之一，只有经过巡池才能及时发现问题，并根据具体情况及时采取相应措施，故每天必须坚持早、中、晚3次巡池。

巡池的主要内容：检查田埂有无洞穴或塌陷，一旦发现应及时堵塞或修整；检查水位，始终保持适当的水位；在投喂时注意观察水蛭的吃食情况，相应增加或减少投饵量；饲养过程中要经常保持水质清新不被污染，尤其是7～8月气温高时要注意换水；池内可适当投放一些萍类或水草植物，可为水蛭提供活动和栖息场所，平时要防止杂物落入池中，如有杂物立即捞出，防止水质污染；水温宜在15～30℃之间，低于10℃或高于30℃均不利于水蛭生长，温度低则水蛭停止摄食；防治疾病，经常检查藕的叶片、叶柄是否正常，结合投喂、施肥，观察水蛭的活动情况，及早发现疾病，对症下药；同时要加强防毒、防盗的管理，也要保证环境安静。

12. 适时追肥

莲藕的生长是需要肥力的，因此适时追肥是必不可少的，第一次追肥可在藕下种后30～40天第2～3片立叶出现、正进入旺盛生长期时进行，每亩施发酵的鸡粪或猪粪肥150kg。第二次追肥在小暑前后，这时田藕基本封行，如长势不旺，隔7～10天可酌情再追肥

1 次。如果长势挺好，就不需要再追肥了。施肥应选晴朗无风的天气，不可在烈日的中午进行，每次施肥前应放浅田水，同时用猪血块放在围沟里吸引水蛭慢慢地到围绕沟里躲避，在肥料施好后，再将水位灌至原来的程度。施肥时也可采取半边先施、半边后施的方法进行。

13. 水蛭的收获

水蛭在生长过程中要经常进行长势监测，当水蛭长到上市规格时，就立即进行诱捕。水蛭的捕捞收获在本章第四节已经有详述，这里不再赘述。捕捞时，选个体大、身体健壮的留种，每亩留种 15～20kg，集中投入育种池内越冬。越冬时可放净池水，盖上稻草保温，或加深池水，以防止池水冻结到底，使水蛭安全越冬。那些藕池中没有及时收获的水蛭，一旦入冬以后，就会钻入土中冬眠，这时可将藕池的水位加到最满，以防水蛭被冻伤。

14. 注意事项

一是在藕池的四周不可栽植大型落叶树木，以防秋季大量树叶落入池中，使池水污染，造成水蛭死亡。

二是水蛭最好不与蟾蜍、青蛙混养。因为蟾蜍、青蛙可捕食水蛭，而水蛭会伤害蟾蜍和青蛙的卵及蝌蚪，对双方均不利。

二 水蛭、莲藕、泥鳅混养

在池塘中进行水蛭、莲藕、泥鳅的科学混养法是几种关系相互依赖的动植物连接在一起混养，巧妙地利用了生长空间来完成资源的合理利用和经济效益的增加。由于水蛭和泥鳅是冷血动物，喜欢阴凉，莲藕喜阳、喜肥、喜水，在池塘中进行水蛭、莲藕、泥鳅混养时，莲藕可以改良池塘底质和水质，在炎热的夏季，荷叶可以为水蛭和泥鳅庇荫，防止水温过高，为水蛭和泥鳅提供良好的生态环境，有利于水蛭和泥鳅健康生长。

莲藕可吸收池中大量的营养成分，调节水质，使池水变得清新，有利于水蛭和泥鳅的生长，为水蛭和泥鳅提供良好的生长繁殖条件。而水蛭和泥鳅又可捕食池中的一些昆虫的幼体，使藕病虫害减少，对藕生长有利。因而可互利互补，提高产量，增加收益。

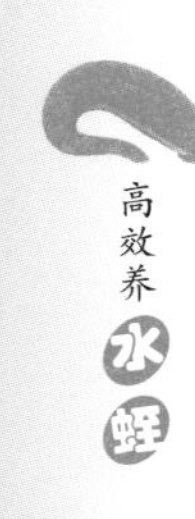

1. 池塘的准备

在进行水蛭、莲藕、泥鳅混养时，对池塘的要求也要更高一点，既要符合莲藕的生长要求，同时也要兼顾水蛭和泥鳅的生长需求。

池塘要求选择通风向阳、阳光充足、温暖通风、池底平坦、水深适宜、水源充足、水质良好、排灌方便的地方，水的理化性质要求 pH 为 6.5～8.5，透明度在 25cm 左右，溶氧不低于 4mg/L，周边地区没有工业废水污染或城市污染源，也不受农药或有毒废水的侵害污染，土层较厚，保水保肥性强，洪水不淹没，干旱时不缺水，最好能自流自排。面积 3～5 亩，平均水深 1.2m，东西向为好。

土质对饲养泥鳅效果影响很大，生产实践表明，在黏质土中生长的泥鳅，身体黄色，脂肪较多，骨骼软嫩，味道鲜美；在沙质土中生长的泥鳅，身体乌黑，脂肪略少，骨骼较硬，味道也差。因此，养鳅池以黏质土为好，呈中性或弱酸性。

2. 土方工程建设

水蛭和泥鳅的个体都小，生长慢，都有钻泥的本能，逃跑能力都非常强，只要有小小的缝隙，便能钻出去。如果池塘有漏洞，泥鳅和水蛭甚至能在一天之内逃得干干净净，尤其是在有水流刺激下，更易逃跑，所以，水蛭和泥鳅在混养时与其他鱼类养殖在池塘准备上是有很大不同的。主要表现在池塘的处理上，考虑到泥鳅和水蛭特有的潜泥性能和逃跑能力，重点是做好防逃措施，同时也可以防蛇、鼠等敌害生物和野杂鱼等敌害进入养殖区。

一是池的四壁在修整后须夯实，杜绝渗漏。加高加宽加固池埂，埂一般比藕塘平面高出 0.5～1m，埂面宽 1～2m，敲打结实，堵塞漏洞，以防止水蛭和泥鳅逃走和提高蓄水能力。

二是挖掘机挖出池塘之后，要把池塘的底部夯得结结实实。

三是池塘上设进水口、下开排水口，进、排水口呈对角线设置，进水口比塘面略高，最好采用跌水式，池壁四周高出水面 20cm，避免雨水直接流入池塘；出水口与正常水位持平处都要用铁丝网或塑料网、篾闸围住，以防止泥鳅和水蛭逃逸或被洪水冲跑。排水底孔位于池塘底部，并用 PVC 管接上高出水面 30cm，排水时可调节 PVC 管高度任意调节水位。因为现在的 PVC 管道造价比较便宜，所以许多养殖场都考虑用 PVC 管道作为池塘的进水管道，它的一端出自蓄水池边的提水设备，另一端直接通到池塘的一边。

四是为防止池水因暴雨等原因引起漫池导致水蛭和泥鳅集体逃跑事件，须在排水沟一侧设一溢水口，深 5 ~ 10cm、宽 15 ~ 20cm，用网罩住。平时应及时清除网上的污物，以防堵塞。

五是在生产实践中许多养殖户还采用处理池塘边缘的方法来达到防逃的目的，就是沿着池塘的四周边缘挖出近 1m 深的沟，然后把厚实的塑料布从沟底一直铺到地面，塑料布的接口也得连接紧密，上端高出水面 20cm。将塑料布沿着池子的边缘铺满之后，用挖出的土将塑料布压实，这样塑料布就和池塘连成了一体。塑料布的上端，每隔 1m 左右用木桩固定，保证塑料布不被大风刮开，可有效防止泥鳅和水蛭逃跑和敌害生物进入。也可用水泥板、砖块、硬塑料板或用三合土压实筑成。

六是藕田也要开挖围沟，目的是在高温、藕池浅灌、追肥时为水蛭和泥鳅提供藏身之地及投喂和观察其吃食、活动情况。沿藕塘四周开挖围沟，围沟距田埂内侧 1.5m 左右，沟宽 1.5m、深 0.8m。

3. 防逃设施

防逃设施也比较简单，和本章第七节的防逃措施是一样的。

4. 池塘的清理消毒

对池塘进行清理消毒是必须的，在进行水蛭、泥鳅、莲藕混养时，对池塘进行消毒的方法和本章第四节的内容是一样的，不再赘述。

5. 施肥

水蛭和泥鳅的食性都比较杂，水体中的小动物、植物、浮游微生物、底栖动物及有机碎屑都是它们的食物。但是作为幼鳅，最好的食物还是水体中的浮游生物，因此，在泥鳅养殖阶段，采取培肥水质、培养天然饵料生物的技术是养殖泥鳅的重要保证。当然通过培肥来增殖天然饵料，无论是对培养水蛭的直接饵料还是间接饵料都是非常重要的，因此在种养殖前进行必要的施肥工作是必不可少的一个步骤。

种藕前 15 ~ 20 天，土方工程完成后先翻耕晒塘，加注过滤的新

水 10cm，每亩撒施腐熟发酵的家畜粪便如鸡粪等及化肥作为基肥。施肥量比一般藕池要少，不可过多。一般施有机肥 300～500kg、尿素 7～15kg、过磷酸钙 20～35kg，用于培肥水质。

待水色变黄绿色、透明度 20cm 左右时，肉眼观察时以看不见池底泥土为宜，即可投放鳅苗和幼蛭。施肥得当，水肥适中，适口饵料就很丰富，水蛭和泥鳅苗种下池以后，成活率就高，生长就快。

6. 投放水生植物

在莲藕池里混养水蛭和泥鳅，一定要种些水生植物，如套种慈姑、浮萍、水花生、凤眼莲等水生植物，覆盖面积占池塘围沟总面积的 1/5 左右，以便增氧、降温及遮阳，以利水蛭和泥鳅生活。同时，水生植物的根部还为一些底栖生物的繁殖提供场所，有的水生植物本身还具有一些效益，可以增加收入。当夏季池中杂草太多时，应予清除，池内可放养一些藻类或浮萍，既可以改善水质，还可以补充水蛭和泥鳅的植物性饲料。

7. 选择优良种藕

同本节“一、莲藕池中混养水蛭”。

8. 种藕时间

种藕时间一般在清明至谷雨前后栽种为宜，一定要在种藕顶芽萌动前栽种完毕。

9. 排藕技术

同本节“一、莲藕池中混养水蛭”。

10. 藕池水位调节

同本节“一、莲藕池中混养水蛭”。

11. 水蛭放养

和池塘养殖水蛭的放养方法是一样的，只是放养量是池塘放养量的一半就可以了。

12. 水蛭投喂

在水蛭苗种下塘后第三天开始投喂。可选择围沟作为投饵点，每天投喂 2 次，分别为 7：00～8：00、16：00～17：00，具体投喂数量根据天气、水质、水蛭吃食和活动情况灵活掌握。水蛭饵料的准备和投喂技巧见第六章第三节。

13. 泥鳅的放养

泥鳅养殖指的是从5cm左右的泥鳅养成每条12g左右的商品鳅。根据养殖生产的实践，池塘养殖泥鳅时的投放模式有两种，效果都还不错。一种是当年放养苗种当年收获成鳅，就是4月前把体长4～7cm的上年苗养殖到下年的10～12月收获，这样既有利于泥鳅生长，提高饲料效率，当年能达到上市规格，还能减少由于囤养、运输带来的病害与死亡。第二种就是隔年下半年收获，也就是当年9月将体长3cm的泥鳅养到第二年的7～8月收获。

从养殖效果来看，每年4月正是全国多数地区野生泥鳅上市的旺季，野生泥鳅价格便宜，是开展野生泥鳅的收购暂养的黄金季节，也是开展泥鳅苗人工繁殖的好时机。春季繁殖的泥鳅小苗一般养殖到年底就可以达到商品规格，完全可以实现当年投资当年获利的目标。而秋季繁殖的泥鳅小苗，可以在水温降低前育成条长4～5cm的大规格冬品鳅苗，养殖到第二年的夏季就可以达到上市规格，所以在每年4月以后就是开展泥鳅苗养殖的最好时机。

放养泥鳅的时间、规格、密度等会直接影响到泥鳅养殖的经济效益，由于4月至5月上旬正值泥鳅怀卵时期，这时候捕捞、放养较大规格的泥鳅往往都已达到性成熟，经不住囤养和运输的折腾而受伤，在放苗后的15天内形成性成熟的泥鳅会大批量死亡，同时部分性成熟的泥鳅又不容易生长。因此我们建议放养时间最好避开泥鳅繁殖季节，可选在2～3月或6月中旬后放苗。

如果是自己培育苗种，就用自己的苗种，如果是从外面购买的苗种，则要对品种进行观察筛选，泥鳅品种以选择黄斑鳅为最好，灰鳅次之，尽量减少青鳅苗的投放量。另外在放养时最好注意苗种供应商的泥鳅苗来源，以人工网具捕捉的为好，杜绝电捕和药捕苗的放养。

待池水转肥后即可投放鳅种，若规格为5cm，每亩可放养1.5万条；体长3cm左右的鳅种，在水深30cm的池中每亩放养1万条左右，有流水条件及技术力量好的可适当增加。要注意的是，同一池中放养的鳅种要求规格均匀整齐，大小差距不能太大，以免大鳅吃小鳅，具体放养量要根据池塘和水质条件、饲养管理水平、计划出

池规格等因素灵活掌握。鳅种放养前用3%～5%的食盐水消毒，以降低水霉病的发生，浸洗时间为5～10min；用1%的聚维铜碘溶液浸浴5～10min，杀灭其体表的病原体；也可用8～10mg/L的漂白粉溶液进行鳅种消毒，当水温在10～15℃时浸洗时间为20～30min，杀灭泥鳅体表的病原菌，增加抗病能力。

14. 泥鳅的投喂

在进行水蛭、泥鳅、莲藕混养时，投喂养饵料主要是满足泥鳅的生长所需。

泥鳅饲料可因地制宜，除人工配合料外，泥鳅还可以充分利用鲜、活动植物饵料，如蚯蚓、蝇蛆、螺肉、贝肉、野杂鱼肉、动物内脏、蚕蛹、畜禽血、鱼粉和谷类、米糠、麦麸、次粉、豆饼、豆渣、饼粕、熟甘薯、食品加工废弃物和蔬菜茎叶等。泥鳅饵料的选择和食欲还与水温有一定的关系：当水温在20℃以下时，以投喂植物性饵料为主，占60%～70%；水温在21～23℃时，动植物饵料各占50%；当水温超过24℃时，植物性饵料应减少到30%～40%。

当水温在15℃以上时泥鳅食欲逐渐增强，此时投饵量为泥鳅体重的2%，随水温升高而逐步增加；水温为20～23℃时，日投喂量为泥鳅体重的3%～5%；水温为23～26℃时，日投喂量为泥鳅体重的5%～8%；在26～30℃时，食欲特别旺盛，此时可将投饵量增加到泥鳅体重的10%～15%，促进其生长。在水温高于30℃或低于10℃时，应减少投饵量甚至停喂饵料。饵料应做成块状或团状的黏性饵，定点设置食台投喂，投喂时间以傍晚投饵为宜。

投喂人工配合饲料，一般每天上、下午各喂1次，投饵应视水质、天气、摄食情况灵活掌握，以次日凌晨不见剩食或略见剩食为度。投饵要做到定时、定点、定质、定量。

15. 水质调控

水蛭、泥鳅、莲藕混养池水质的好坏，对水蛭和泥鳅的生长发育极为重要，因此必须对池塘水质进行科学调控。

一是及时换水和施肥，要保持池塘水质“肥、活、爽”。养殖前期以加水为主，养殖中后期每5～7天换水一次，每次换水量在15%～25%。当池水的透明度大于35cm时，就应追肥有机粪肥，增加池塘中天然饵料生物；当透明度小于25cm时，应减少或停施追肥。

二是及时消毒。6～10月每隔2周用二氧化氯消毒1次，若发现水塘水质已富营养化，还可结合使用微生态制剂，适当施一些芽孢杆菌、光合细菌等，以控制水质。光合细菌每次用量为使池水成5～6g/m^{3}水体浓度，施用光合细菌5～7天后，池水水质即可好转。

16. 适时追肥

同本节“一、莲藕池中混养水蛭”。

17. 巡视藕池

同本节“一、莲藕池中混养水蛭”。

18. 水蛭的收获

水蛭在生长过程中，要经常进行长势监测，当水蛭长到上市规格时，就立即进行诱捕。水蛭的捕捞收获在本章第四节已经有详述，这里不再赘述。捕捞时，选个体大、身体健壮的留种，每亩留种15～20kg，集中投入育种池内越冬。越冬时可放净池水，盖上稻草保温，或加深池水，以防止池水冻结到底，使水蛭安全越冬。那些藕池中没有及时收获的水蛭，一旦入冬以后，就会钻入土中冬眠，这时可将藕池的水位加到最满，以防水蛭被冻伤。

19. 泥鳅的收获

泥鳅在饲养8～10个月后就可以捕获，此时每条体长达15cm左右，体重达10～15g，已经达到商品规格。泥鳅的起捕方式很多，用须笼捕泥鳅效果较好，一个池塘中多放几个须笼，笼内放入适量炒过的米糠，须笼放在投饵场附近或荫蔽处捕获量较高，起捕率可达80%以上，当大部分泥鳅捕完后可外套张网放水捕捉。

20. 注意事项

一是在藕池的四周不可栽植大型落叶树木，以防秋季大量树叶落入池中，使池水污染，造成水蛭死亡。

二是水蛭最好不与蟾蜍、青蛙混养。因为蟾蜍、青蛙可捕食水蛭，而水蛭会伤害蟾蜍和青蛙的卵及蝌蚪，对双方均不利。

三 水蛭与茭白混养

1. 池塘选择

水源充足、无污染、排污方便、保水力强、耕层深厚、肥力中

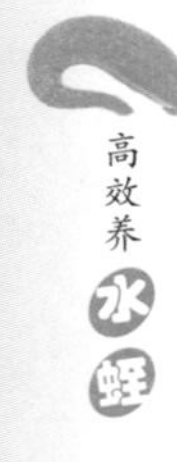

上等、面积在1亩左右的池塘均可用于水蛭与茭白混养。

2. 围沟修建

和莲藕池里混养水蛭一样，在茭白池里也要沿埂内四周开挖宽1.5～2.0m、深0.5～0.8m的环形围沟，总面积占池塘总面积的5%，在围沟内投放用轮叶黑藻、眼子菜、苦草、菹草等沉水性植物制作的草堆，塘边角还用竹子固定浮植少量漂浮性植物如凤眼莲、浮萍等。开挖围沟的目的是在施用化肥、农药时，将水蛭慢慢地诱集在围沟内避害，在夏季水温较高时，水蛭也可以在围沟中避暑；方便定点在围沟中投喂饲料，也便于检查水蛭的摄食、活动及生病情况。

3. 防逃设施

防逃设施简单，和本章第七节是一样的。

4. 施肥

每年的2～3月种茭白前施底肥，每亩可用腐熟的猪粪、牛粪和绿肥1500kg，钙镁磷肥20kg/亩、复合肥30kg/亩。翻入土层内，耙平耙细，肥泥整合，即可移栽茭白苗。

5. 选好茭白种苗

在9月中旬至10月初，于秋茭采收时进行选种，以浙茭2号、浙茭911、大苗茭、软尾茭、中介壳、一点红、象牙茭、寒头茭、梭子茭、小腊茭、中腊台、两头早为主。选择植株健壮、高度中等、茎秆扁平、纯度高的优质茭株作为留种株。

6. 适时移栽茭白

茭白用无性繁殖法种植，长江流域于4～5月间选择那些生长整齐，茭白粗壮、洁白，分蘖多的植株作为种株。用根茎分蘖苗切墩移栽，母墩萌芽高33～40cm时，茭白有3～4片真叶。将茭墩挖起，用利刃顺分蘖处劈开成数小墩，每墩带匍匐茎和健壮分蘖芽4～6个，剪去叶片，保留叶鞘长16～26cm，减少蒸发，以利提早成活，随挖、随分、随栽。株行距按栽植时期，分墩苗数和采收次数而定，双季茭采用大小行种植，大行行距1m，小行行距80cm，穴距50～65cm，每亩1000～1200穴，每穴6～7苗。栽植方式以45°角斜插为好，深度以根茎和分蘖基部入土而分蘖苗芽稍露水面为度，定植3～

4 天后检查一次，栽植过深的苗，稍提高使之浅些，栽植过浅的苗宜再压下使之深些，并做好补苗工作，确保全苗。

7. 放养水蛭

在茭白苗移栽前 10 天，对围沟进行消毒处理。水蛭的放养同前面在藕池中放养是一样的。

8. 科学管理

水质管理：茭白池塘的水位根据茭白生长发育特性灵活掌握，萌芽前灌浅水 30cm，以提高土温，促进萌发；栽后促进成活，保持水深 50～80cm；分蘖前仍宜浅水 80cm，促进分蘖和发根；至分蘖后期，加深至 100～120cm，控制无效分蘖。7～8 月高温期宜保持水深 130～150cm，并做到经常换水降温，以减少病虫危害，雨季宜注意排水，在每次追肥前后几天，需放干或保持浅水，待肥吸收入土后再恢复到原来水位。每半个月投放一次水草，沿田边环形沟多点堆放。

科学投喂：同前面池塘养殖水蛭的投喂技术是一样的。

科学施肥：茭白植株高大，需肥量大，应重施有机肥作基肥。基肥常用人畜粪、绿肥，追肥多用化肥，宜少量多次，可选用尿素、复合肥、钾肥等，禁用碳酸氢铵；有机肥应占总肥量的 70%；基肥在茭白移植前深施；追肥应采用“重、轻、重”的原则，具体施肥可分 4 个步骤，在栽植后 10 天左右，茭株已长出新根成活，施第一次追肥，每亩施人粪尿肥 500kg，称为提苗肥。第二次在分蘖初期每亩施人粪尿肥 1000kg，以促进生长和分蘖，称为分蘖肥。第三次追肥在分蘖盛期，如植株长势较弱，适当追施尿素每亩 5～10kg，称为调节肥；如植株长势旺盛，可免施追肥。第四次追肥在孕茭始期，每亩施腐熟粪肥 1500～2000kg，称为催茭肥。

茭白用药：应对症选用高效低毒、低残留、对混养的水蛭没有影响的农药。如杀虫双、叶蝉散、乐果、敌百虫、井冈霉素、多菌灵等。禁用除草剂及毒性较大的呋喃丹、杀螟松、三唑磷、毒杀酚、波尔多液、五氯酚钠等，慎用稻瘟净、马拉硫磷。粉剂农药在露水未干前使用，水剂农药在露水干后喷洒。施药后及时换注新水，严禁在中午高温时喷药。

孕茭期有大螟、二化螟、长绿飞虱，应在害虫幼龄期，每亩用50%的杀螟松乳油100g加水75～100kg泼浇或用90%的敌百虫和40%的乐果1000倍液在剥除老叶后，逐棵用药灌心。立秋后发生蚜虫、叶蝉和蓟马，可用40%的乐果乳剂1000倍、10%的叶蝉散可湿性粉剂200～300g加水50～75kg喷洒，茭白锈病可用1∶800倍敌锈钠喷洒效果良好。

9. 茭白采收

茭白按采收季节可分为一熟茭和两熟茭。一熟茭又称单季茭，在秋季日照变短后才能孕茭，每年只在秋季采收一次。春种的一熟茭栽培早，每墩苗数多，采收期也早，一般在8月下旬至9月下旬采收。夏种的一熟茭一般在9月下旬开始采收，11月下旬采收结束。茭白成熟采收标准是，随着基部老叶逐渐枯黄，心叶逐渐缩短，叶色转淡，假茎中部逐渐膨大和变扁，叶鞘被挤向左右，当假茎露出1～2cm的洁白茭肉时，称为“露白”，为采收最适宜时期。夏茭孕茭时，气温较高，假茎膨大速度较快，从开始孕茭至可采收一般需7～10天。秋茭孕茭时，气温较低，假茎膨大速度较慢，从开始孕茭至可采收一般需要14～18天。但是不同品种孕茭至采收期所经历的时间有差异。茭白一般采取分批采收，每隔3～4天采收一次。每次采收都要将老叶剥掉。采收茭白后，应该用手把墩内的烂泥培上植株茎部，既可促进分蘖和生长，又可使茭白幼嫩而洁白。

10. 水蛭的收获

水蛭的收获同莲藕池中水蛭的收获一样。

四 水蛭与水芹混养

我们在春天吃水芹菜时可能会发现一件事，那就是水芹菜里的水蛭特别多，这是因为水蛭在自然状态下可以和水芹菜能很好地相处，因此可以考虑将水蛭与水芹菜进行混养（彩图7-19）。

水芹菜既是一种蔬菜，也是水生动物的一种好饲料，它的种植时间和水蛭的养殖时间明显错开，双方能起到互相利用空间和时间的优势，在生态效益上也是互惠互利的。

水芹菜是冷水性植物，它每年8月开始育苗，9月开始定植，也可以一步到位，直接放在池塘中种植即可，11月底开始向市场供应水芹菜，直到第二年的3月初结束。3~8月这段时间池塘基本上是处于空闲状态，而这时正是水蛭养殖和生长的高峰期，两者结合可以将池塘全年综合利用，经济效益明显，是一种很有推广前途的种养相结合的生产模式。

1. 田地改造

水芹田的大小以3亩为宜，最好是长方形，在田块周围按稻田养殖的方式开挖环沟和中央沟，沟宽1.5m、深75cm。开挖的泥土除了用于加固池埂外，主要是放在离沟5m左右的田地中，做成一条条的小埂，小埂宽30cm即可，长度不限。

水源要充足，排灌要方便，进、排水要分开，进、排水口可用60目的网布扎好，以防水蛭从水口逃逸以及外源性敌害生物侵入。田内除了小埂外，其他部位要平整，方便水芹菜的种植，溶氧要保持在5mg/L。

为了防止水蛭在下雨天或因其他原因逃逸，防逃设施是必不可少的，在前文已经有所阐述。

2. 放养前的准备工作

清池消毒：同本章第四节的方法与剂量。

水草种植：在有水芹的区域里不需要种植水草，但是在环沟里还是需要种植水草的，这些水草对于水蛭度过盛夏高温季节是非常有帮助的。水草品种优选轮叶黑藻、马来眼子菜和光叶眼子菜，其次可选择苦草和伊乐藻，也可用水花生和空心菜，水草种植面积宜占整个环沟面积的20%左右。另外进入夏季后，如果池塘中心的水芹还存在或有较明显的根茎存在时，就不需要补充草源，如果水芹已经全部取完，必须在4月前及时移栽水草，确保水蛭养殖成功。

放肥培水：在水蛭放养前1周左右，每亩施用经腐熟的有机肥200kg，用来培育浮游生物。

3. 水蛭苗种的放养

在水芹菜田里轮作水蛭时，放养水蛭的方法同茭白池中放养是一样的。

4. 饲养管理

(1) 水质调控 池水调节：在水蛭入池后，不要轻易改变水位，

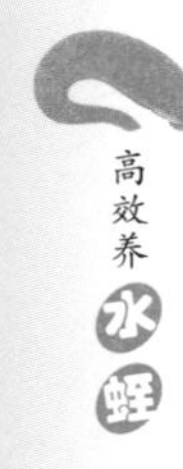

一切按水芹菜的管理方式进行调节。在4~5月水位控制在50cm左右，透明度在20cm就可以了，6月以后要经常换水或冲水，防止水质老化或恶化，保持透明度在30cm左右，pH在6.8~8.0。

注冲新水：为了促进水蛭的快速生长和保持水质清新，提高水体中的溶解氧，对混养塘进行定期注冲新水是一个非常好的举措，也是必不可少的技术方法。从4月开始直到5月底，每10天注冲水一次，每次5~8cm，6~8月中旬每7天注冲水一次，每次10cm。

（2）饲料投喂 在水蛭养殖期间，水蛭除了能吸食利用春季留下未售的水芹菜叶、菜茎、菜根和部分水草外，还是要投喂饲料的，具体的投喂种类和投喂方法与前面介绍的一样。

5. 病害防治

主要是预防敌害，包括水蛇、水老鼠等。其次是发现疾病或水质恶化时要及时处理。

6. 捕捞

水蛭的捕捞方法同前文是一样的。

7. 水芹菜种植

（1）适时整地 在8月中旬时，将大部分水蛭基本起捕完毕，或者是将水位降低到围沟水平线下，再用猪血块将水蛭吸引到围沟内，这时用旋耕机在池塘中央进行旋耕，周边的围沟不要去惊扰，保持底部平整即可。

（2）适量施肥 每亩施入腐熟的粪肥1000kg，为水芹菜的生长提供充足的肥源。

（3）水芹菜的催芽 一般在7月底就可以进行了，为了不影响水蛭的生长，可以放在另外的地方催芽，催芽温度要在27~28℃。

（4）排种 经过15天左右的催芽处理，芽已经长到2cm时就可以排种了，排种时间在8月下旬为宜。为了防止刚入水的小嫩芽被太阳晒死，建议排种的具体时间应选择在阴天或晴天的16：00以后进行。排种时将母茎基部朝外，芽头朝上，间隔5cm排一束，然后轻轻地用泥巴压住茎部。

（5）水位管理 在排种初期的水位管理尤为重要，这是因为一方面此时气温和水温较高，可能对小嫩芽造成灼伤；另一方面，为了促进嫩芽尽快生根，池底基本上是不需要水的，所以此时一定要加强管理，在可能的情况下保证水位在5～10cm，待生根后，可慢慢加水至50～60cm。到初冬后，要及时加水至水位1.2m。

（6）肥料管理 在水位渐渐上升到40cm后，可以适时追肥，一般每亩施腐熟粪肥200kg，也可以施农用复合肥10kg，以后做到看苗情施肥，每次施尿素3～5kg/亩。

（7）定苗除草 当水芹菜长到株高10cm时，根据实际情况要及时定苗、匀苗、补苗或间苗，定苗密度为株距5cm比较合适。

（8）病害防治 水芹菜的病害要比水蛭的病害严重得多，主要有斑枯病、飞虱、蚜虫及各种飞蛾等，可根据不同的情况采用不同的措施来防治病虫害。例如，对于蚜虫，可以在短时间内将池塘的水位提升上来，使植株顶部全部淹没在水中，然后用长长的竹竿将漂浮在水面的蚜虫及杂草驱出排水口。

（9）及时采收 水芹菜的采收很简单，就是通过人工在水中将水芹菜连根拔起，然后清除污泥，剔除根须和黄叶及老叶，整理好后，捆扎上市。要强调的是，在离环形沟50cm处的水芹菜带不要收割，作为养殖水蛭的防护草墙，也可作为来年水蛭的栖息场所和食料补充，如果有可能的话，在塘中间的水芹菜也可以适当留一些，不要全部弄光，那些水芹菜的根须最好留在池内。

第八章
水蛭的病虫害防治

第一节　水蛭的发病原因及防病的基本措施

水蛭的生存能力与抗病能力相当强，只要按照科学的饲养管理方法去操作，在饲养期间极少发生病害，只要水源不被化肥、农药及盐碱性溶液污染，保持进、出水口通畅，食物新鲜，及时清除饲料残留物，经常换水就能养好水蛭。反之，如果养殖管理不当，也会造成水蛭疾病的发生，从而对水蛭的养殖生产造成损失。

水蛭生病是由各种致病因素或单一或共同作用于水蛭的机体，从而导致了水蛭正常的生命活动出现异常的现象，在行为上和自身能力上就会表现出一定的症状，如对外界环境变化的适应能力降低、行动缓慢、食欲不佳甚至拒食、死亡等一系列的症状。

【注意】 水蛭疾病的发生不是孤立的，它是由于外界环境中各种致病因素的共同作用和水蛭自身机体反应特性这两方面在一定条件下相互作用的结果，在诊治和判断水蛭疾病时，要对两者加以认真分析，不可轻易地以某一点而草率鉴定病原、病因。

一　水蛭发病的主要原因

1. 致病生物对水蛭的侵袭

一些水蛭的疾病是由于致病的生物传染或侵袭到蛭体上而引起的，这些致病生物称为病原体。能引起水蛭生病的病原体主要包括真菌、病毒、细菌、霉菌、藻类、原生动物，以及蠕虫、蛭类和甲壳动物等，这些病原体是影响水蛭健康的罪魁祸首。例如，水蛭发生的白点病就是由小瓜虫寄生在水蛭体表上而发生的。

另外一些动物类敌害生物如老鼠、水蛇也会捕杀水蛭，有时也能将一些疾病直接传染给水蛭，有时会将水蛭咬伤，而这些伤口也是其他病原菌入侵蛭体的通道，会引起水蛭的继发性疾病。

2. 温度不稳定

水蛭是冷血动物，体温随外界环境尤其是水体的水温变化而发生改变，所以说对水蛭的生活有直接影响的主要是温度。当气温过低或昼夜温差较大，或者是当水温发生急剧变化，如水温突然上升或下降时，水蛭的机体由于适应能力不强，不能正常随之变化，就会发生病理反应，导致抵抗力降低而患病。例如，在寒冷时未及时采取保护措施，水蛭因受冻而发病或死亡，炎热时未采取降温防暑措施，导致水温过高，造成水蛭食欲减退甚至死亡。在水蛭亲本进入温棚进行保种越冬时，进温室前后的水的温差不能相差过大，如果相差2～3℃，就会因温差过大而导致水蛭“感冒”，甚至大批死亡。

3. 水质

水蛭生活在水环境中，水质的好坏直接关系到水蛭的生长，好的水环境将会使水蛭不断增强适应生活环境的能力。如果生活环境发生变化，就可能不利于水蛭的生长发育，当水蛭的机体适应能力逐渐衰退而不能适应环境时，就会失去抵御病原体侵袭的能力，导致疾病的发生。例如，在水蛭生长旺盛时期，如果不及时换水，池水就会腐败，严重时发黑发臭，有害病菌大量繁殖，极可能引发各种传染性疾病。

4. 水蛭自身的体质

水蛭自身体质的好坏也是抵御外来病原菌的重要因素，一条自身健康的水蛭能有效地预防部分水蛭疾病的发生。水蛭对外界疾病的反应能力及抵抗能力随年龄、身体健康状况、营养、大小等的改变而有不同。例如，当水蛭的身体一旦不小心受伤，又没有对伤口进行及时做消炎处理时，病原体就会乘虚而入，导致各类疾病的

发生。

5. 密度过大

水蛭放养密度不当和混养比例不合理，都会导致疾病的发生。水蛭的养殖密度一般和外界温度有关，温度低时，密度可适当增大些，温度高时，密度可适当小些，如果放养密度过高，必然造成水蛭活动空间相对减小，水体溶解氧减少，再加上饵料不足或分配不均，排泄物过多，有可能发生互相残杀，或引起疾病的发生和蔓延。另外，在集约式养殖条件下，高密度放养已造成水质二次污染、病原传播，加上饲养管理不当等，都为病害的扩大和蔓延创造了有利条件。

6. 营养不良

造成营养不良的原因：一是养殖密度过大，饵料分配不均，使弱者更弱，而逐渐消瘦，体质下降，感染疾病或死亡；二是饵料营养配比不合理，投喂不当或饥或饱及长期投喂单一饲料、饲料营养成分不足、缺乏动物性饵料和合理的蛋白质、维生素、微量元素等，这样导致水蛭摄食不正常，就会缺乏营养，造成体质衰弱，就容易感染患病；三是投饵不遵循“四定”和“三看”原则，水蛭时饥饿时饱，有时吃了不清洁或腐败变质的食物，也会造成发病或死亡。

二 判断水蛭生病的技巧

我们发现有许多养殖户在平时不注意观察水蛭的各种表现，一旦水蛭生病了就急忙求医问药，这时已经晚了。如果等到水蛭疾病症状出现时再治疗往往已经太晚而且难以治愈，不让水蛭患病的秘诀只有早发现、早治疗。水蛭在生病初期，会表现出一系列的反应，因此，平日应多注意观察养殖池的状况或水蛭的行动、体色及其他部位的异常症状，就可以判断是何种疾病，如此则大部分的疾病都可以治疗，因为大部分疾病在其早期都会表现出一些异常状态。

一是水蛭行为的异常表现。由于水蛭对外界的声响非常敏感，一旦受惊就会潜入水中，如果我们走近池边时，发现水蛭无动于衷，仍然贴在池壁，一动不动，那就是患病的前兆。

二是健康的水蛭都喜欢成群集体游动。一旦发现水蛭有食欲减退、单独粘贴在池壁、反应迟钝的现象，可能已经生病了。

三是体色的异常表现。每个水蛭品种都有它自身的体色，所有的体色都很鲜亮，有光泽，如果发现水蛭的体色变得暗淡而无光泽时，可能就是生病的前兆。

三 水蛭防病的措施

由于水蛭的个体较小，抵抗外界侵袭的能力较弱，对疾病传染比较敏感，所以对它的疾病预防显得很重要。

对水蛭疾病的预防和治疗应遵循“预防为主，治疗为辅”的原则，按照“无病先防、有病早治、防治兼施、防重于治”的原理，加强管理，防患于未然，才能防止或减少水蛭因死亡而造成的损失。

1. 改善养殖环境，消除病原体滋生的温床

池塘是水蛭栖息生活的场所，同时也是各种病原生物潜藏和繁殖的地方，所以池塘的环境、底质、水质等都会给病原体的滋生及蔓延造成重要影响。因此我们要积极改善养殖环境，做好对池塘的清淤、修整、消毒工作，消除病原体滋生的温床。

2. 合理使用微生物制剂

这些微生物制剂包括光合细菌、芽孢杆菌、硝化细菌、EM 菌、酵母菌、放线菌、蛭弧菌等多种，它们对消除氨氮、硫化氢和有机酸等有害物质，改善水体，稳定水质，保证水体溶氧，营造良好的底质环境有着重要的作用，是预防疾病的重要措施之一。

3. 严格落实水蛭检疫制度

在水蛭苗种进行交流运输时，客观上使水蛭携带病原体到处传播，在新的地区遇到新的寄主就会造成新的疾病流行，因此一定要做好水蛭的检验检疫措施，将部分疾病拒之门外，从根本上切断传染源，这是预防水蛭疾病的根本手段之一。因此在引进水蛭苗种时，应将水蛭单独饲养并送交有关技术检疫或检验部门进行检疫，确认健康时才能进行规模化养殖。另外在养殖期间也要定期进行检疫，确保生产出合格的商品水蛭。

4. 选育优良品种

水蛭对疾病抵抗力的强弱，是疾病能否发生及发生轻重的决定因素之一。我们在水蛭的养殖过程中，常可见到一些池塘里，大多数养殖个体或不同种类水蛭患病死亡，而存活下来的个体，生长得

很健康，没有感染上疾病，或感染极其轻微，而后又恢复健康。这些现象表明，水蛭的抗病能力随个体或不同种类而有很大差异。因此，有目的、有计划地注意观察水蛭的健康状态，利用个体和种类的差异，从中挑选和培育出抗病性较强的品种，同时注意淘汰发育慢、抗病能力弱的水蛭，使之逐渐纯化，以达到选育良种的目的。

5. 培育和放养健壮苗种

放养健壮和不带病原的水蛭苗种是养殖生产成功的基础（彩图8-1），培育的技巧包括几点：一是亲本无毒；二是亲本在进入产卵池前进行严格的消毒，以杀灭可能携带的病原；三是孵化工具要消毒；四是待孵化的卵茧要消毒；五是育苗用水要洁净；六是尽可能不用或少用抗生素；七是培育期间饵料要好，不能投喂变质腐败的饵料。

6. 加强饲养管理

要使水蛭正常生活并健康成长，必须加强水蛭的日常饲养管理，创造适合于水蛭生活的良好条件，提高水蛭对病害的抵抗力，这是防治水蛭疾病的根本措施。

一是水蛭的养殖场地资源（包括食物资源、水资源）条件好，同时还要考虑到向阳、保暖、防暑降温等条件。

二是要认真观察，发现生病个体要及时隔离，以防疾病传染、蔓延。

三是水蛭的饵料要清洁卫生，营养丰富，这是保证水蛭健康生长繁殖、增强抗病能力、预防疾病传染的一个基本环节。不用带有病原物或情况不明的食物作饵料，防止传播疾病。

四是及时调节水质，保持透明度适中，水质清新且不肥不瘦。

五是捕捞水蛭时尽量避免碰伤。

第二节　水蛭常见疾病与防治

在自然界中，水蛭的生命力是非常强盛的，一般不易生病，但是在人工养殖下尤其是集约化的养殖条件下，如果管理不善，导致水质太差，也可能造成水蛭罹患疾病。一旦发现水蛭生病后，就要立即进行科学诊断，然后进行对症下药，积极治疗。

一 白点病

【病因】白点病也叫小瓜虫病、溃疡病、霉病。由原生动物多子小瓜虫侵入水蛭体表所致，大多是被捕食性水生昆虫或其他天敌咬伤后感染细菌所引起的继发性疾病。

【症状】患病水蛭体表有大量小瓜虫密集寄生时形成白点状囊泡和小白斑块，体表黏液增多，体色暗淡无光，运动不灵活，游动时身体不平衡，厌食。

【流行特点】

1）水蛭在生长季节都可感染。

2）水温15～20℃最适宜小瓜虫繁殖，水温上升到28℃或下降到10℃以下，促使产生在水蛭身体表面的孢子快速成熟，加速其生长速度，使它们自水蛭体表面脱落后，不再流行。

【危害情况】

1）水蛭的常见病、多发病。

2）传染速度很快。

3）从水蛭幼苗到商品水蛭都会患病，严重时可造成死亡。

【防治方法】

1）提高水温至28℃以上，再用0.2%的食盐水全池泼浇，三天后及时更换新水，保持水温。

2）加强饲养管理，增强水蛭的免疫力。

3）对已发过病的水泥池、池塘先要洗刷干净，再用5%的食盐水浸泡1～2天，以杀灭小瓜虫及其孢囊，并用清水冲洗后再放养水蛭。

4）用0.01mg/L的甲苯达唑浸洗2h，6天后重复一次，浸洗后在清水中饲养1h。

5）用2mg/L的福尔马林浸洗水蛭，水温15℃以下时浸洗2h，水温15℃以上时浸洗1.5～2h，浸洗后在清水中饲养1～2h，使死掉的虫体和黏液脱落。

6）用2mL/L硝酸汞浸洗患病水蛭，每次30min。浸洗后应立即用清水洗净，每日1～2次。连用三天。

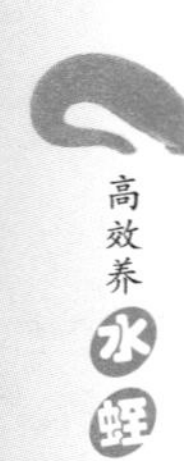

二 感冒和冻伤

【病因】水温骤变，温差达到3℃以上，水蛭突然遭到不能忍受的刺激而发病。

【症状】水蛭停于水底不动，皮肤失去原有光泽，颜色暗淡，体表出现一层灰白色的翳状物，患病水蛭没精神，食欲下降，逐渐瘦弱以致死亡。

【流行特点】

1）在春、秋季温度多变时易发病。

2）夏季雨后易发病。

【危害情况】

1）幼蛭易发病。

2）当水温温差较大时，几小时至几天内水蛭就会死亡。

【防治方法】

1）换水时及冬季注意温度的变化，防止温度的变化过大，可有效预防此病。一般新水和老水之间的温度差应控制在2℃以内，每次只能换去池水的1/3，换水时宜少量多次地逐步加入。

2）对需要保种越冬的水蛭应该在冬季到来之前移入温室内或采取加温饲养。

3）在室外越冬时要注意保暖，以免冻伤。

4）适当提高温度，用小苏打或1%的食盐溶液浸泡患病水蛭，可以渐渐恢复健康。

三 肠胃炎

【病因】水蛭由于吃了腐败变质的死臭螺蛳或难于消化的食物而引起，有时饲料营养不全面或长期投喂不新鲜的饵料也能导致肠胃炎的发生。

【症状】患病水蛭食欲不振，体色暗淡，懒于活动，肛门红肿，经检查无寄生虫和细菌病。

【流行特点】

1）一年四季均可发生。

2）饲料中缺乏维生素而造成的体表组织损伤，继发细菌感染导致溃疡。

【危害情况】

1）可以危害所有的水蛭。

2）情况严重时可导致水蛭死亡。

【防治方法】

1）将不健康水蛭捞起隔离，然后用0.4%的抗生素（如青霉素、链霉素等）加入到粉碎的饲料中混匀，投喂后可收到一定的效果。

2）要投喂新鲜螺蛳，严禁投喂腐败变质饵料或新鲜度差的饵料，遵循喂养“四定”和“三看”的原则，吃剩残饵及时清除。

四 干枯病

【病因】由于养殖池的外界温度太高，或者是池边四周岸边环境湿度太小而引起的。

【症状】患病水蛭食欲不振，活动减少，身体渐渐消瘦，捏在手里是软绵绵的感觉，没有收缩和挣扎的力气，同时可见身体干瘪，失水萎缩，全身发黑。

【流行特点】在夏季高温时易发病。

【危害情况】

1）所有的水蛭都能受到伤害。

2）严重时水蛭会死亡。

【防治方法】

1）提高水位，将患病水蛭捞起隔离。

2）将患病水蛭放在1%的食盐水中浸洗5~10min，每天1~2次，同时用酵母片或土霉素拌在粉碎的螺蛳里进行投喂，同时增加含钙物质，提高抗病能力。

3）在池周搭建遮阴棚，多摆放些竹片、水泥板，下面留有空隙，经常洒水，以达到降温增湿的效果。

4）可用土霉素片碾碎用水稀释，傍晚拌匀撒入水中，每平方米水面用1片，连用3~5天即可。

五 寄生虫病

【病因】是由于有一种原生动物单房簇虫的寄生而引起的。

【症状】患病的水蛭个体在身体腹部出现硬性肿块，硬性肿块有时呈对称性排列。经解剖确定为贮精囊或精巢肿大。

【流行特点】在秋季时更易发病。

【危害情况】

1）成年水蛭更易受到伤害。

2）严重时水蛭会死亡。

【防治方法】研究表明，蚯蚓的雄性生殖腺内常有大量的单房簇虫寄生，一旦发现后要注意消灭病原，以防传染。另外，投喂蚯蚓时，要注意对蚯蚓进行适当的消毒处理。

第三节　水蛭天敌的防除

水蛭的天敌有鹅、鸭、老鼠、蛇、蚂蚁、水蜈蚣等动物。

一　老鼠

鼠类大部分体小，生活周期短，生长快，繁殖力强，活动频繁，消耗能量大。一般来说，鼠类日进食量可以达到自身体重的10%～30%，且种群数量较大。而且水蛭养殖场的生态环境比较稳定，适宜害鼠的栖息、繁殖和生存。老鼠是水蛭的主要天敌，常会大量吞食水蛭，尤其是水蛭在岸边活动或繁殖时，因失去了防御能力而被老鼠吞食。

对于老鼠的防治可以采取以下几种方法：

一是养殖池的消毒一定要做好，最好是带水消毒，确保所有的洞穴都能灌上药水，这样就可有效地杀死洞中的老鼠。

二是密封养殖池，加固四周防逃设施，防止老鼠入内。

三是在池塘四周下捕鼠夹、捕鼠笼、捕鼠箭、电子捕鼠器、超声波灭鼠器等，安装电动捕鼠器，它们具有构造简单、制作和使用方便、对人畜安全、不污染环境等特点。可根据鼠害发生的情况，在老鼠经常出没的地方按照一定的密度安置机械灭鼠器，进行人工捕杀。

四是利用捕食性天敌动物进行灭鼠，可以养猫，因为猫不吃水蛭。

五是利用化学灭鼠剂杀灭害鼠。包括胃毒剂、熏蒸剂、驱避剂和绝育剂等，其中胃毒剂广泛使用，具有效果好、见效快、使用方便、效益高等优点。在使用时要讲究防治策略，施行科学用药，以确保人畜安全，降低环境污染。

二 蚂蚁

蚂蚁出现的原因是饵料特殊的气味引入，或原来泥土中带入。蚂蚁主要危害正在产卵的水蛭和卵茧。

对于蚂蚁的防治可以采取以下措施：

一是对土壤进行消毒，可通过高温或用太阳暴晒，或用百毒杀消灭蚂蚁虫卵。

二是防逃网外周围撒施三氯杀虫酯等杀灭蚂蚁。

三是用氯丹粉与防逃网外的黏土混合均匀，防止蚂蚁进入。

三 蛇和水蜈蚣

蛇和水蜈蚣也是水蛭的主要天敌，它们可以吞食水蛭，从而对水蛭产生危害。它们一方面是原来养殖池里存在的，另一方面是饵料的气味引来的。

对于蛇和水蜈蚣的防治，可以采取以下措施：

一是养殖池的消毒一定要做好，最好是带水消毒，确保所有的洞穴都能灌上药水，这样就可有效地杀死洞中的水蛇和水蜈蚣。

二是可用棍子、渔网将池塘内的蛇清除净。

三是加固防逃网，及时修补破损的地方，防止蛇类进入。

四是在池塘的进水口处安装铁网、尼龙网，以免蛇卵、水蜈蚣随水进入池塘。

四 家禽

鹅、鸭等家禽也是水蛭的天敌，对于这些天敌的防治方法主要是做好以下几点：

一是不在养殖区内饲养鸡、鸭、鹅等家禽，切断危害源头。

二是做好养殖场所的围栏安全工作，尽量杜绝家禽进入养殖区的机会。

三是发现家禽或者是在养殖场附近发现家禽，要立即驱赶。

第九章
水蛭的采收及加工

第一节 水蛭的采收

水蛭体内含有水蛭素、肝素、抗血栓素，可用于治疗心脑血管疾病、无名肿痛、肿瘤，是我国传统名贵的中药材，近些年由于缺口大、行情好、价格高，每当夏、秋两季水蛭成熟季节各地都在采收，但由于采收与加工技术难以过关，造成采收量少、加工质量差，效益不理想。

一 采收时间

虽然我们在养殖过程中发现一些已经成熟或者一些患病个体不适宜养殖时，可随时采收并加工，但是就水蛭的群体来说，一年可采收两次。

第一次采收是安排在6月中下旬，将已繁殖两年的种蛭捞出加工出售，因为经过两个繁殖季节后，种蛭已经没有太多的利用价值了，而且生长速度很缓慢，此时可适时进行采收，也可以收回一部分资金，用于后面的生产经营；第二次采收是在9月中下旬进行，捕捞一部分当年早春放养的体型比较大的水蛭，对于那些还未长大的水蛭宜留到第二年9月捕捞。

二 采收方法

1. 干池捕捞

捕捞时，先排走一部分水，然后用网捕捞一部分水蛭，再接着将池水排干，再用人工将水蛭捕捉干净，在水蛭捕完后要及时清池消毒。

2. 血液诱捕

先将干稻草扎成两头紧中间松的草把，然后将生猪血注入草把内，用量为每亩池塘 0.5kg，横放在池塘进水口处，这时要控制水流的速度，要保证进水不宜过大，一般以水能通过草把慢慢流入池塘为宜。让水慢慢冲洗猪血成丝状飘散全池，利用血的腥味把池塘中的水蛭引诱到草把中吸取尚未流出的猪血，待水蛭吃饱、身体膨大时，就很难再爬出来了。一般是在放入草把 4 ~ 5h 后就可取出草把，收取水蛭了。

如果没有生猪血，也可用鸡、鸭、鹅等畜禽的血液代替，也能收到同样的效果。

3. 稻草捆诱捕

先将干稻草扎成两头紧中间松的稻草捆，把它浸在动物的血液中 15min，保证动物血注入稻草捆内，取出稻草捆，在阴凉处晾干再投入池塘中，最好是将稻草捆横放在水塘进水口处，让水慢慢流入水塘，约半小时后捞出稻草捆，用生石灰撒于稻草上，水蛭就会自行脱落。

4. 刷子诱捕

将刷子连成一串，浸在动物血液里 15min，然后将刷子放入水中，这项工作最好是在黄昏时进行。经过一夜的诱捕以后，次日清晨再取出刷子，抖下水蛭即可。也可用刷子裹着纱布、塑料网袋，中间放动物血或动物内脏，然后用竹竿捆扎好后，放入池塘中，一样可以诱捕到水蛭。

5. 大肠诱捕

将猪大肠截成几段，每段都套在一根木棒上，再把木棒挺插入到池塘、湖泊、水库、稻田中，间隔 10m 插一根木棍，水蛭在闻到味道后就会吸附在猪大肠上，隔一段时间就能收取了。

6. 搅水法诱捕

这种方法很方便，在水稻田、池塘、水渠等水域，不管白天黑夜都可捕捉水蛭。这是充分利用水蛭对水的波动十分敏感的特性，先要用网兜在水中搅几下，当水被搅动后水蛭就能感知相关信息，就会从泥土中、水草间游出来，此时即可乘机用网兜捕捉。

7. 竹筒收集

把竹筒劈开两半，两端的节要除去，至少要打通，方便水蛭爬

进来。再将中间涂上动物血，将竹筒复原捆好，放入水田、池塘、湖泊等处，第二天就可收集到水蛭。

8. 竹筛收集

用竹筛裹着纱布、塑料网袋，中间放动物血或动物内脏，然后用竹竿捆扎好后，放入池塘、湖泊、水库、稻田中，第二天收起竹筛，可捕到水蛭。

9. 丝瓜络诱捕

这是农村中使用最广泛而且效果最显著的一种方法，将干丝瓜络去籽后，先放在动物血中浸泡2h左右，让丝瓜络吸透血液，然后阴干，用竹竿扎牢放入水田、池塘、湖泊，次日收起丝瓜络，就可抖出许多水蛭。

在水蛭被捕捞后，这时要选健壮而个体较大的留种，将它们集中投放到特别准备的越冬池内越冬，或放入日光温室进行无休眠养殖。

第二节 水蛭的加工

当把水蛭捕获上来时，如果不能以鲜活的方式全部出售完，这时就需要以适当的方式进行简易的初加工，确保加工后的水蛭便于保存和运输，水蛭的加工方法很多，可根据当地的条件和自身养殖场的条件有选择地选用不同的加工方法（图9-1）。

图9-1 水蛭的加工

一 生晒法

简单地说，就是在太阳下将水蛭晒干。方法是用两头细尖的竹签插入水蛭的尾部，将头部翻到尾，拉出头，去净血，晒至八成干，抽出竹签，再晒干。也可以先将水蛭用清水洗净，再用铁丝或细线串起，悬吊在日光下直接暴晒至全干，晒干后便可收存待售（图9-2）。

图9-2 水蛭的生晒加工法

二 酒焖法

简单地说，就是用酒将水蛭焖死的方法。待水蛭捕获上来后，先用清洁的水源将水蛭清洗干净，将洗好的水蛭放入盆、罐、缸等容器中，倒入50°以上的高度白酒，白酒的量以能淹没所有的水蛭就可以了，加盖密封30min左右，当容器中的水蛭已经完全醉死后，捞出后用清水洗净，放在太阳下晒干或自然烘干就可以了。

三 碱烧法

先将捕获的水蛭清洗干净（彩图9-1），把它们放入到盆、罐、缸等容器中，再把食用碱粉撒入容器中，用双手将水蛭上下、左右翻动，边翻边揉搓，目的是让所有的水蛭都能接触到碱粉，在碱粉作用下，水蛭会逐渐失去水分，身体也慢慢地收缩变小，最后死亡，这时取出水蛭用清水冲洗干净，晒干就可以了。由于碱粉具有强烈

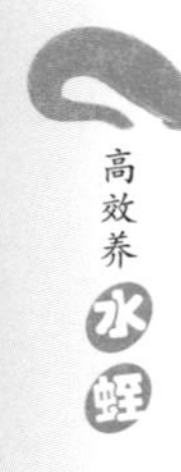

的刺激性，为了保护皮肤，在使用前必须戴上长胶皮手套，另外在翻动水蛭时，要注意千万不要将碱粉弄到眼睛里。

四 盐渍法

将捕获的水蛭清洗干净，把它们放入盆、罐、缸等容器中，再把食盐撒入容器中，要注意放水蛭和撒食盐的方法，事先在容器底部放一层食盐，然后放一层水蛭，接着再撒一层盐，就这样一层层地码放，直到容器装满为止（彩图 9-2），这是利用食盐的作用，让水蛭体内失去水分而死亡，然后再将盐渍死的水蛭晒干就可以出售了。由于用这种方法加工的水蛭干品中含的盐分比较高，这些盐会遇到空气中的水分而返潮，因此在保管时要注意防潮，所以用此法处理的水蛭最好能及时出售，当然它的收购价格也要低一些。

五 水烫法

水蛭的加工方法很多，但是一般多采用水烫法，这种方法简单易行，同时也能够保证水蛭的质量。尤其是养殖捕获的水蛭数量较多时，用这种方法来处理比较适宜。

将捕获的水蛭（彩图 9-3）清洗干净，把它们集中放入到盆、罐、缸等容器中，把水烧开沸腾为止，再将刚刚烧好的开水迅速倒入容器中，开水量以淹没水蛭 5cm 为宜，5min 左右水蛭基本上就会被烫死，如果第一次没烫死，可将没死的另烫一次。

将烫死的水蛭捞出，用清水洗一遍，放在干净的地方将其晾晒，2～3 天就可以晒干，这时就可以上市出售了。要注意的是，用水烫法只要将水蛭烫死即可，时间不宜过长，否则将水蛭烫熟烫烂就不好了。

> ⚠【注意】 水烫法在晒的时候易起潮，可边晒边用铁钉或竹尖放气。如养殖捕获的水蛭数量较多，则适宜用此法来处理。

六 石灰粉埋法

先将捕获的水蛭表面清洗干净，主要是清洗掉泥沙。将生石灰弄成粉状，不要有团块状出现，这时将处理好的水蛭埋入石灰中 20min 左右，由于石灰是强烈的碱性物质，对水蛭有毒害作用，当水蛭被埋后，很快就会中毒死亡，这时将水蛭连同身上的灰粉一起晒干或烘干，然后再筛去石灰粉就可以了。

七 草木灰法

如果手边没有石灰的话，可以将稻草烧一些就成了草木灰，再将水蛭埋入草木灰中。30min 后待水蛭死后，筛去草木灰，水洗后晾干。这也是一种不错的加工方法。

八 烟埋法

先将捕获的水蛭表面清洗干净，主要是清洗掉泥沙。再将洗干净的水蛭埋入烟丝中约 30min，这时水蛭就会慢慢死亡，待其死后再洗净晒干就可以了。

九 烘干法

这是需要专门的烘干设备才可以使用的方法，先将捕获的水蛭表面清洗干净，主要是清洗掉泥沙，再将水蛭处死，然后采用低温（70℃）烘干技术烘干就可以了。

十 摊晾法

先将捕获的水蛭表面清洗干净，主要是清洗掉泥沙，再将水蛭处死，再在阴凉通风的地方事先摆放好清洁的竹竿、草帘、水泥板、木板等工具，将死水蛭平摊在这些工具上，自然晾干就可以了（图 9-3）。

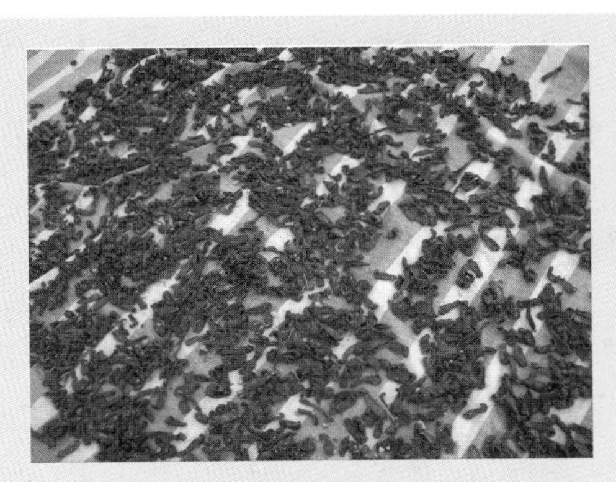

图 9-3 摊晾法晒干的水蛭

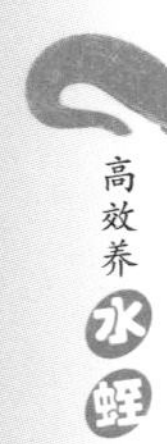

十一 明矾法

第一步是准备好盆、缸等容器，量大的话可以放在水泥池里面，临时的可以用砖等砌成池状，然后铺上厚的塑料薄膜。

第二步是把捕获的水蛭集中在某个容器内，挑选完杂质、螺壳等物质后，集中放在容器里备用。

第三步是把水蛭放进准备好的容器内，注意不要一次放进去，要量少多次，要边放边撒明矾在水蛭上面，为了能够均匀要用棍棒时时搅动。掺入明矾和水蛭的比例为1:9。

第四步是待水蛭浸泡48h以上后，选择晴朗的天气，集中捞出放在水泥地上面，注意不要撒得太厚，以不覆盖水蛭为准，否则不容易晒干。

第五步就是在摊晒的过程中，可以将水蛭翻动一次，待晒干后收集起来就可以了。

十二 滑石粉法

先将捕获的水蛭表面清洗干净，主要是清洗掉泥沙，再将水蛭处死。再将滑石粉放在锅里炒热，把水蛭放入锅中，翻炒至稍鼓起时取出，筛出滑石粉，放凉即可。

十三 油炸法

先将捕获的水蛭表面清洗干净，主要是清洗掉泥沙，再将水蛭处死。把水蛭放入猪油锅内，炸至焦黄色，取出、干燥便是所需的中药饮片。

以上就是目前常见的水蛭加工方法，仅供各地养蛭朋友参考选用。

十四 加工后的干品质量

加工质量的好坏决定水蛭售价的高低。加工后的商品水蛭应是呈自然扁平的纺锤形，背部稍隆起、腹面平坦、质脆而易断，断面有胶质似的光泽，颜色黑褐色，这种产品质量是比较好的（图9-4）。

图 9-4　晒好的水蛭干

值得注意的是，加工水蛭时最好选择晴天。因为阴天无法晾晒，容易腐烂变质。加工过的水蛭，一般要暴晒 4 ~ 7 天才能晒干。在此期间如突遇阴雨天无法晾晒时，则应在室内加温烘干，可放在铁器上用火烤干，但不可烤煳烤黄。晾晒时最好放在沙网上并悬空晾晒。水蛭干品易吸湿、受潮和虫蛀，晒好的商品水蛭最好盛装于粗布袋中，外用塑料袋套住密封保存，挂在干燥通风处保存待售，以防吸潮变霉影响销售，攒足量后要及时出售。

干度标准以手能折断为佳，鲜干品比例为：大水蛭约 7kg 可晒 1kg 干品，小水蛭 8 ~ 10kg 可晒 1kg 干品（彩图 9-4、彩图 9-5）。

第十章 水蛭养殖的实例

第一节 养殖成功的实例

山东菏泽的一位养殖户张某，从2008年开始涉足水蛭的养殖，经过几年的苗种储备、自己繁殖自己养殖的方式，现在已经取得了非常好的成效。近年来，他除了进行常规技术的养殖外，还开发出了生态养殖水蛭的技术，比较成功的就是利用莲池来养殖水蛭，这种养殖模式是利用水生植物和水生动物在相同生态环境条件下互生互利的特点。水蛭养殖周期为一年半左右，一般鲜活个体在45g左右，亩产量能达到125kg左右。同时还能收获莲藕3500kg、莲籽5kg左右。由于他的养殖措施得当，技术到位，养殖规格达到要求，亩纯收益可达12000元左右。

张某的主要做法和技术措施如下：

一 建好养殖池塘

水蛭的养殖与一般的水生动物养殖也有不一样的地方，采用莲池养殖水蛭时，要想取得高产高效，对池塘的要求就要严格得多。最重要的就是莲池的水层波动小，要求水位不能太深，因为水浅，白天的阳光可透射到池底，这样有利于浮游生物、沉水植物和底栖植物的健康生长发育，为水蛭的直接饵料和间接饵料的繁育提供条件。同时因为水浅，水的上下层基本均匀，仅在刮风、温差变化条件下出现小的波动，为水蛭提供了良好的生存环境，尤其是在水蛭繁殖交配的时候，更要注意水层的波动要小。正是由于在池塘里种植了浅水藕，所以就很轻易地满足了这个要求。

对于养殖水蛭的莲池选择也很重要，应选择在避风向阳、水源充足、排灌方便和比较安静的地方，周围无农药、污水污染，能做到旱不缺水、涝能排水，水源以无污染的江河水、湖泊水、水库水为好，也可以用自备机井提供水源，水质要满足渔业用水标准，无毒副作用。同时要求交通方便，这样既有利于注、排水方便，也方便水蛭苗种、饲料和商品水蛭的运输。

二 做好基础设施

用于人工养殖水蛭的莲池一般以 1 ~ 2 亩为好，四周埂高 1.8m，以长方形为好，东西长，南北宽，池塘宽 5m 左右，莲池水深 1m，池底淤泥厚度为 15cm，池边坡度要缓，使池塘四周形成一定的浅水区，长度可根据场地大小而定。这样大小面积的水蛭饲养池既可以给水蛭提供相当大的活动空间，也可以稳定水质，不容易发生突变，更重要的是表层和底层水能借风力作用不断地进行对流、混合，改善下层水的溶氧条件。如果面积过小，水环境将不太稳定，并且占用堤埂多，相对缩小了水面。但是如果面积过大，投喂饵料不易全面照顾到，导致吃食不匀，影响水蛭上市时的整体规格和效益。

池对角设进水口和排水口，做到灌得进、排得出，定期对进、排水总渠进行整修消毒。

在莲池四周建立防逃设施，进、排水口用铁丝网或塑料网封好。在莲池四周距水面 30cm 的池边上，用铁丝网或塑料网围成高 50cm 左右的防逃网，其下边要埋入土内 25cm 左右。之所以要将防逃网建在距水面 30cm 的池边上，主要考虑到水蛭的产卵习性，因水蛭的卵多产在距水边 30cm 以内距地面 2 ~ 6cm 的土内。另外，防逃网不仅可以防止水蛭在雨量大或水流大时逃逸，还可以防止鸭、蟾蜍、蛙类等敌害进入莲池内捕食水蛭。还有一点是防逃工作必须要考虑的事情，最好在池埂外围设立一道防逃沟，如果面积较小的话可以用砖砌成，沟宽 12cm、高 8cm，下雨时用密网拦住或在沟内撒些石灰，可防逃逸。

为便于水蛭的栖息和产卵，池底可放些不规则的石块或树枝，水池之中应建高出水平面 20cm 的土台 5 ~ 8 个，每个平台 1m^2 左右。

三 选择优良的种蛭

张某养殖的品种主要是宽体金线蛭，该蛭个体大、生长快、繁殖率高。水蛭苗种购买自山东的一家信誉较高的水蛭苗种供应场，选择时要求水蛭体表色泽鲜艳、大小整齐、体壮肥满、爬行能力强、活跃有力、健康无病、无伤无残、体表光滑、黏液较多、伸曲有度而且没有病态表观的幼蛭作苗种，手触时能很快缩成一团，放到水中时，可见到水蛭会自然舒展，立刻分散活动而且游动迅速（彩图 10-1）。

四 根据实际情况放养苗种

张某最初是采用放养幼蛭直接培育商品蛭的模式，随着几年的养殖后，他发现自己养种蛭繁育效益更佳，是养殖水蛭最便捷省力的途径和发展方向，因此就采取了放养种蛭来自繁自育的模式。

张某先是在自己的养殖池塘里捕捉个体大、质量好的水蛭作为繁殖用的种蛭，用于第二年的幼蛭繁殖，在莲池里放养的都是自己繁育的大规格的幼蛭。幼蛭的放养时间是在孵出一个月后放养，选择 4 月下旬或 5 月上旬的晴天 7：00～9：00、17：00～19：00 进行，避免阳光直射、太阳暴晒、温度过高，影响放养的成活率。

张某在莲池里放养宽体金线蛭的规格为 3g/条左右，由于是在莲池里养殖，考虑到莲藕的收成，他的放养量是以每亩莲池投放种蛭幼蛭 3 万条。

五 饵料投放满足水蛭的生长

宽体金线蛭的食性杂，且比较贪食，在自然状态下喜欢吸食小杂鱼、淡水螺类及其幼体等底栖软体动物、青虾、龟鳖、蚯蚓、草虾、部分昆虫、鱼虫、水蚤、河蚌以及其他动物的体液，在进行人工饲养时，也可食用畜禽的血液搅拌配合饲料、草粉、豆饼、花生饼、黄豆、剁碎的空心菜等，合理利用这些饵料资源也是降低水蛭养殖成本的重要措施之一。

由于宽体金线蛭是非吸血类的水蛭，它主要取食螺类。张某就利用清明节前田螺大量产卵繁殖的好机会，每亩莲池一次性投放 40kg 田螺和 20kg 河蚌，因田螺和河蚌的数量远远多于水蛭，都能在池中自然繁殖小螺蛳、小河蚌，可任其繁殖后代，供水蛭采食。在莲池的小生态环境中，水蛭与各水生生物之间互依共存，因莲藕能进行光合作用，增加池内水体的溶氧量，净化水质，螺蛳和河蚌同时又能滤食水中浮游生物和水蛭残饵净化水质，所以不会造成污染，加上阳光、空气和水，就能获得食物链的良性循环，保证充足的食物供给。这样成本低、效果好，又能优化生态环境，比按时投食、换水更为主动、方便（彩图 10-2）。

六 加强管理是成功的保证

张某的养殖也不是一帆风顺的，也是经过了挫折后才取得成功的，因此他对水质的管理和防逃等细节方面的考虑就非常周全，所以他成功了，折算下来每亩池塘的养殖收益都达到了万元以上。

第二节 养殖失败的实例

水蛭养殖是个技术活，虽然从理论上来讲，只要做好各项技术工作，就能确保养殖成功。事实上并非如此，也不乏有一些养殖失败甚至血本无归的养殖户。

安徽省天长市石梁镇养殖户吴某于 2011 年养殖水蛭，经过两年的养殖，几乎全部失败，没有获得成功，损失也很惨重。

2011 年，吴某先是从外地学习水蛭的养殖技术，回到家乡后立即开挖了养殖池，水色也培育得非常好，水蛭苗种的来源主要是捕捉当地的野生资源，同时也从小贩手中收购了一些苗种。结果正是这些苗种出了大问题，由于这些苗种在小贩手中储存的时间过久了，放到池子后，从第三天开始就陆续出现死亡。由于当时他对苗种的来源重视不够，一度以为是水蛭对新环境产生了应激性反应，所以就对水蛭用了防应激的药物，结果水蛭死得更快、更多，半个月左右，他收购的这些苗种几乎全部死光，造成巨大的损失。这次的失败给我们的教训就是苗种来源一定要正宗，最好是一次性投入同一种源。吴某的失败就是从贩子手中倒腾苗种，一方面苗种被储存太久，活力太差而且疾病缠身；另一方面就是贩子的苗种大小不一，更重要的是吸血类水蛭和非吸血类水蛭他都不得不全部收下来，这就是他失败的原因所在。

2012年，他在吸取了上一年失败教训的基础上，总结了经验，4月中旬，从山东一家信誉较高的水蛭苗种场购买了一批优质苗种，这批苗种是他经过认真挑选的，大小整齐、爬行能力强、活跃有力、健康无病，放养模式是采取放养幼蛭直接培育商品蛭的模式。经过长途运输后，放在家里的池子里，进行正常的管理、投喂。由于当地畜禽养殖场比较多，定点屠宰工作做得比较好，他采用的饵料是每天从定点屠宰场收取新鲜血液回来投喂。在早期的养殖过程中，水蛭的长势非常好。水产技术服务部门人员对他进行了相应的指导和服务。也曾经给他指出一个管理上的漏洞，就是要求他一定要做好防逃措施，原因就是他养殖的地方是属于圩区，虽然经过了塘口改造，但是受到洪水和内涝的危险还是存在的，而他的防逃设施就是紧贴在地面上用硬质彩塑板做的。水产技术服务人员向他建议，可以考虑在防逃板的外周再建立一圈高1m的防逃措施，就是用密网埋在土里，网上端缝上硬质塑料膜，反檐向内，平时可以不拉顶部，一遇到大水时立即将顶部拉起就可以防逃了。对此建议，吴某当时也答应这样做，但不知为何，他一直没有这样做。很遗憾的事情还是发生了，那年发生了多年未遇的秋涝，结果他的水蛭爬得到处都是，连他的管理房墙壁上都爬满了水蛭。等几天后水退了，吴某起捕养殖池，每亩水面只收获了不到20kg的成蛭，其中还包括在附近抓到的跑出去的水蛭。这次的失败给我们一个启示就是养殖水蛭真正是“三分养，七分管”，当苗种来源和质量得到保证、饵料来源得到保证时，在管理上的一些细节往往就决定了成败，这种管理细节不仅仅是做好防逃设施，也不仅仅是投喂技巧，还要做好水质监管措施、栖息环境的改造、捕捞技巧的改进等一些我们平时不以为然甚至忽略的一些细节，而往往正是这些细节处理不到位，就可能导致养殖的失败。

附录　常见计量单位名称与符号对照表

量的名称	单位名称	单位符号
长度	千米	km
	米	m
	厘米	cm
	毫米	mm
面积	公顷	ha
	平方千米（平方公里）	km^2
	平方米	m^2
体积	立方米	m^3
	升	L
	毫升	mL
质量	吨	t
	千克（公斤）	kg
	克	g
	毫克	mg
物质的量	摩尔	mol
时间	小时	h
	分	min
	秒	s
温度	摄氏度	℃
平面角	度	(°)
能量，热量	兆焦	MJ
	千焦	kJ
	焦［耳］	J
功率	瓦［特］	W
	千瓦［特］	kW
电压	伏［特］	V
压力，压强	帕［斯卡］	Pa
电流	安［培］	A

参 考 文 献

[1] 国家药典委员会. 中华人民共和国药典 [M]. 北京：中国医药科技出版社，2010.

[2] 杨潼. 中国动物志·环节动物门·蛭纲 [M]. 北京：科学出版社，1996.

[3] 潘红平，邓寅业. 水蛭高效养殖技术问答 [M]. 北京：化学工业出版社，2013.

[4] 周维官，周维海，等. 菲牛蛭的研究进展 [J]. 广西科学院学报，2010，26（1）：74-77.

[5] 磨美兰，韦平，等. 水蛭常见病原菌的分离与鉴定 [J]. 动物学杂志，2003，38（3）：2-7.

[6] 朱深银，周远大. 新的抗凝抗栓剂——水蛭素 [J]. 中国处方药，2003（3）：80.

[7] 张卫，张瑞贤，等. 中药水蛭品种考证及资源可持续利用发展探讨 [J]. 中国中药杂志，2013，38（6）：914-918.

[8] 刘岱岳，余传隆，等. 生物毒素开发与利用 [M]. 北京：化学工业出版社，2007.

[9] 冯旭，孔维军，等. 菲牛蛭的药理作用及其机制研究进展 [J]. 中南药学，2013，11（10）：750-752.

[10] 张晓君，房海，等. 宽体金线蛭嗜水气单胞菌感染的病原检验 [J]. 微生物学通报，2006，33（1）：46-52.

[11] 张彬，李浩华，等. 菲牛蛭细菌性疾病的病原检验及药物防治 [J]. 中国水产科学，2009，16（6）：878-890.